"十四五"职业教育国家规划教材《化工制图》第二版配套用书

化工制图习题集

第二版

刘立平 主编

化学工业出版社

·北京·

内 容 简 介

本习题集与刘立平主编的"十四五"职业教育国家规划教材《化工制图》(第二版)配套使用,以培养德智体美全面发展的社会主义建设者和接班人为目标,主要内容包括制图基本知识、投影基础、基本体及其表面交线、轴测图、组合体、机件的表达方法、标准件和常用件、零件图、焊接图、化工设备图、化工工艺图等内容。

本习题集适用于职业本科、高职专科的化工技术类、石油与天然气类、煤炭类、安全类等各专业的学生,也可作为其他相近专业以及应用型本科、成人教育和职业培训的教材或参考用书。

图书在版编目(CIP)数据

化工制图习题集/刘立平主编. —2版. —北京:化学工业出版社,2021.6(2024.2重印)
高职高专规划教材
ISBN 978-7-122-38973-2

Ⅰ.①化… Ⅱ.①刘… Ⅲ.①化工机械-机械制图-高等职业教育-习题集 Ⅳ.①TQ050.2-44

中国版本图书馆 CIP 数据核字(2021)第 071281 号

责任编辑:高 钰　　　　　　　　　　装帧设计:刘丽华
责任校对:李 爽

出版发行:化学工业出版社(北京市东城区青年湖南街 13 号　邮政编码 100011)
印　　刷:北京云浩印刷有限责任公司
装　　订:三河市振勇印装有限公司
787mm×1092mm　1/8　印张 8¾　字数 237 千字　2024 年 2 月北京第 2 版第 3 次印刷

购书咨询:010-64518888　　　　　　　　售后服务:010-64518899
网　　址:http://www.cip.com.cn
凡购买本书,如有缺损质量问题,本社销售中心负责调换。

定　　价:28.00元　　　　　　　　　　　版权所有　违者必究

前　言

本习题集是在 2010 年出版的刘立平、许立太主编《化工制图习题集》基础上参照最新的国家标准、行业标准，组织同行和企业专家共同编写修订而成的，与刘立平主编的"十四五"职业教育国家规划教材《化工制图》（第二版）配套使用。

制图课程是实践性很强的专业知识类课程，利用习题集进行绘图、读图的实践，是学习化工制图不可或缺的教学环节。

本习题集使用说明和建议如下：

① 做题之前，必须先学习相关理论知识。

② 作图时不要急于绘图，先要根据已知条件和解题目标进行空间分析，空间分析和投影作图是实现人脑三维形状与二维绘图之间直觉思维的两个训练环节，缺一不可。空间分析之后确定绘图思路和绘图步骤。

③ 严格按照标准的规定进行绘图，保证各种图线（粗实线、细实线、细点画线、细虚线等）线型、线宽的正确性。

④ 本习题集配有参考答案和部分习题的立体模型，如有需要，请发电子邮件至 673301839@qq.com 或者登录 www.cipedu.com.cn 免费下载。

本习题集由刘立平主编并负责统稿。参加本习题集编写工作的有：刘立平（编写第 1~5 章），张化平（编写第 6、7 章），张伟华（编写第 8、9 章），中石化宁波工程有限公司王娇琴（编写第 10 章），安徽工业大学贾娟英（编写第 11 章）。

本习题集在编写过程中，参阅了大量的标准规范及近几年出版的相关习题集，在此向有关作者和所有对本习题集的出版给予帮助和支持的老师表示衷心的感谢！

欢迎广大学习者尤其是任课教师对本书提出宝贵意见并及时反馈给我们（QQ：673301839）。

由于编者水平所限，习题集中疏漏和欠妥之处敬请广大读者提出宝贵意见。

编　者

目　　录

第 1 章　制图基本知识 ……………………………………………………………………………… 1

第 2 章　投影基础 …………………………………………………………………………………… 8

第 3 章　基本体及其表面交线 …………………………………………………………………… 12

第 4 章　轴测图 …………………………………………………………………………………… 16

第 5 章　组合体 …………………………………………………………………………………… 18

第 6 章　机件的表达方法 ………………………………………………………………………… 25

第 7 章　标准件和常用件 ………………………………………………………………………… 34

第 8 章　零件图 …………………………………………………………………………………… 42

第 9 章　焊接图 …………………………………………………………………………………… 50

第 10 章　化工设备图 …………………………………………………………………………… 52

第 11 章　化工工艺图 …………………………………………………………………………… 59

参考文献 …………………………………………………………………………………………… 66

第 1 章　制图基本知识

1-1　字体练习　　　　　　　　　　　班级　　　姓名　　　学号

1-1-1　汉字（长仿宋体）。

工 程 制 图 是 研 究 工 程 图 样 表 达 与 技

术 交 流 的 学 科 培 养 学 生 绘 制 阅 读 以

及 形 象 思 维 能 力 提 高 工 程 素 质 和 创

新 意 识 班 级 姓 名 审 核 日 期 比 例 材 料

1-1-2　数字和字母。

1 2 3 4 5 6 7 8 9 0 1 2 3 4 5 6 7 8 9 0

A B C D E F G H I J K L M N O P Q R S T

U V W X Y Z ⌀ ⊕ R Sδ α β γ Ⅰ Ⅱ Φ50 Ra3.2

a b c d e f g h i j k l m n o p q r s t u v w x y z

1-2 图线练习 班级 姓名 学号

1-2-1 按照图例绘制出相应的图线。

1-2-2 线型练习。

内容：用 A4 幅面图纸、竖放，按 1∶1 抄画图形，布图合理，保持图面整洁。

目的：掌握各种图线正确的绘制方法，正确使用绘图工具和仪器。

要求：

（1）用 H 或 2H 铅笔绘制底稿，用 B 或 HB 铅笔加深，圆规上的铅芯软一号。

（2）细虚线、细点画线等线段，长画、短间隔等尺寸参见配套《化工制图》（第二版）（刘立平主编）表 1-3。

（3）粗实线线宽宜采用 0.5mm 或 0.7mm，标题栏中汉字采用长仿宋体。

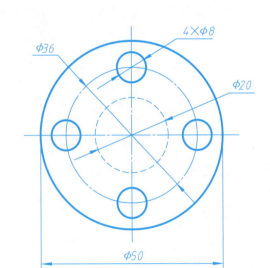

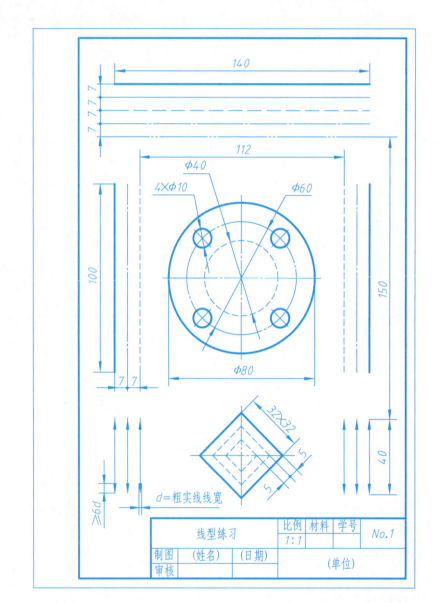

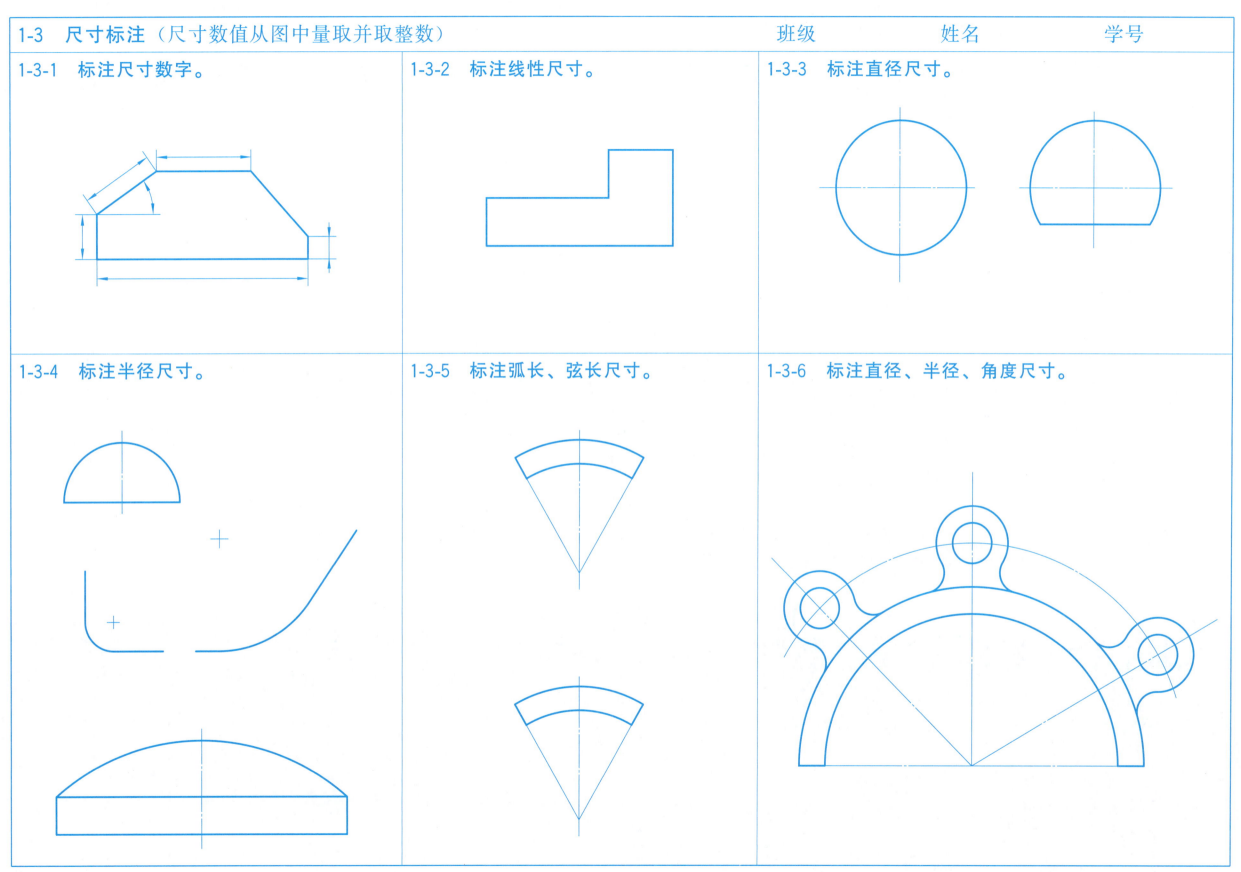

1-3 尺寸标注（尺寸数值从图中量取并取整数） 班级　　　姓名　　　学号

1-3-7 找出图中错误的尺寸标注，并在下图中正确标注全部尺寸。

1-3-8 按照1∶1的比例抄画图形，并标注尺寸。

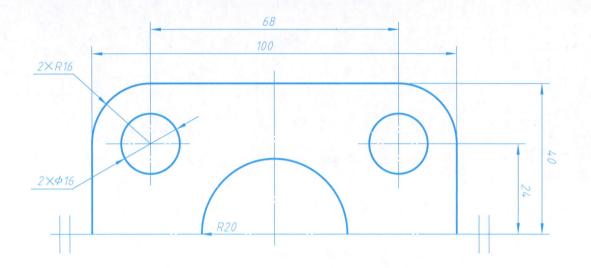

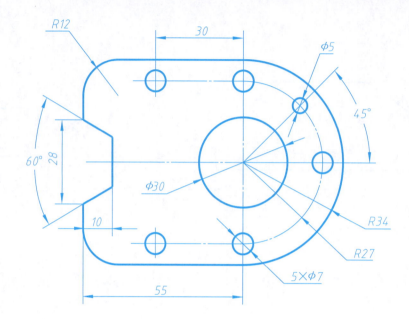

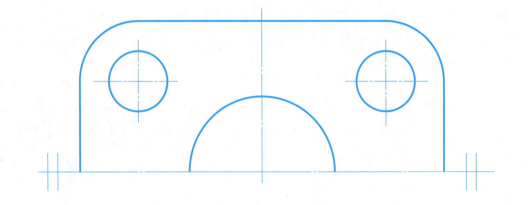

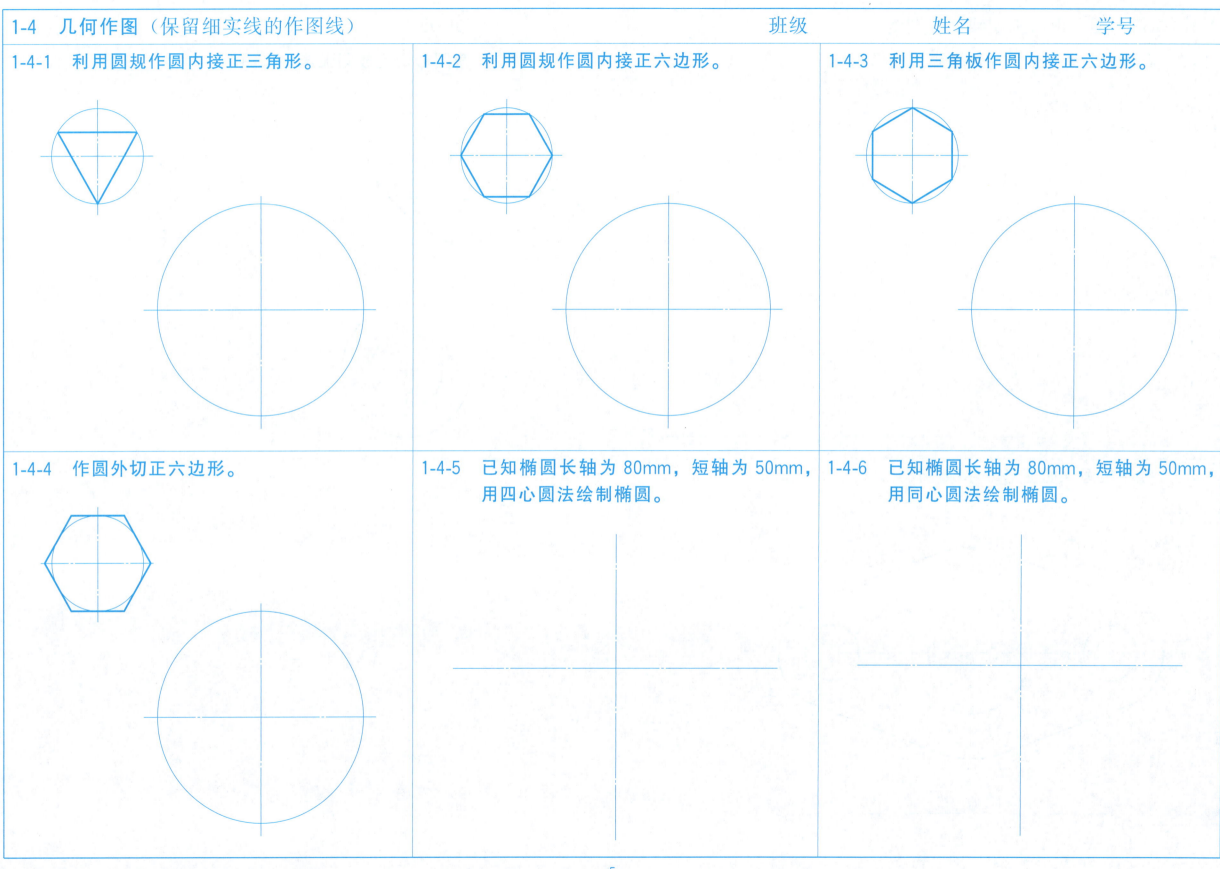

1-4　几何作图（保留细实线的作图线）　　　　　　　　　　　班级　　　　　姓名　　　　　学号

1-4-7　参照左上角图形，完成圆弧连接作图。

1-4-8　参照左上角图形，完成圆弧连接作图。

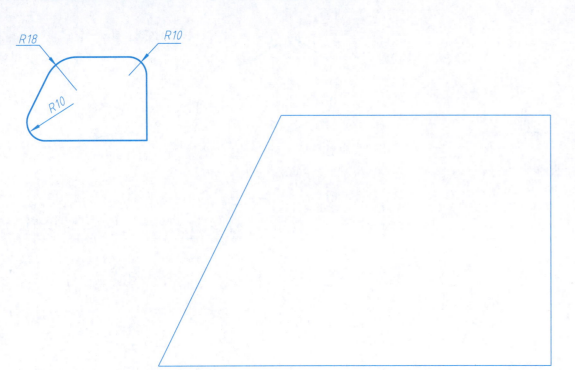

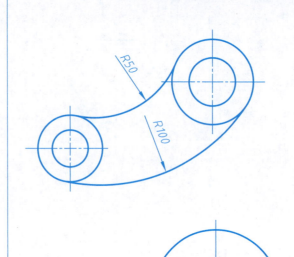

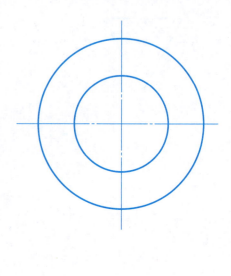

1-4-9　徒手抄画平面图形，并标注尺寸。

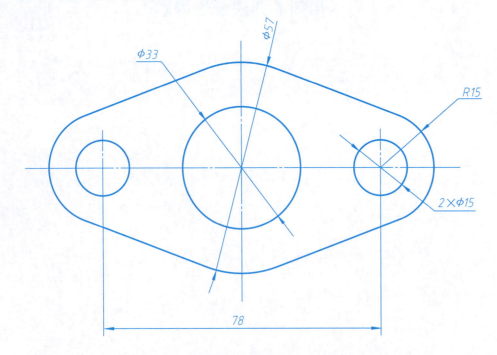

1-5 平面图形练习   班级   姓名   学号

内容：任选一题，选择图幅、确定比例，抄画平面图形，并标注尺寸。

目的：掌握圆弧连接的作图方法，熟悉平面图形绘图步骤和标注尺寸的方法。

要求：

(1) 布图匀称合理，图面清晰、整洁。

(2) 线型均匀一致且符合国家标准规定，图线粗细分明。

(3) 认真书写文字、尺寸数字，箭头大小一致。

(4) 正确使用绘图仪器。

1-5-1

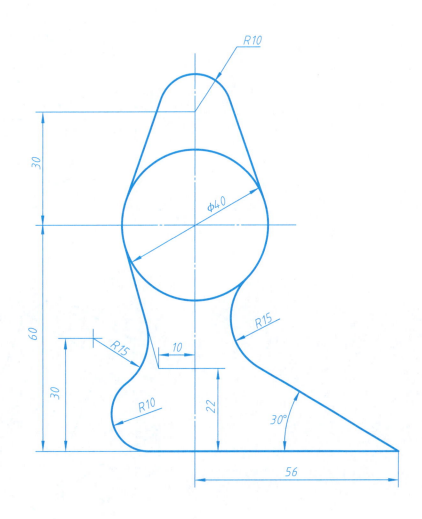

1-5-2

1-5-3

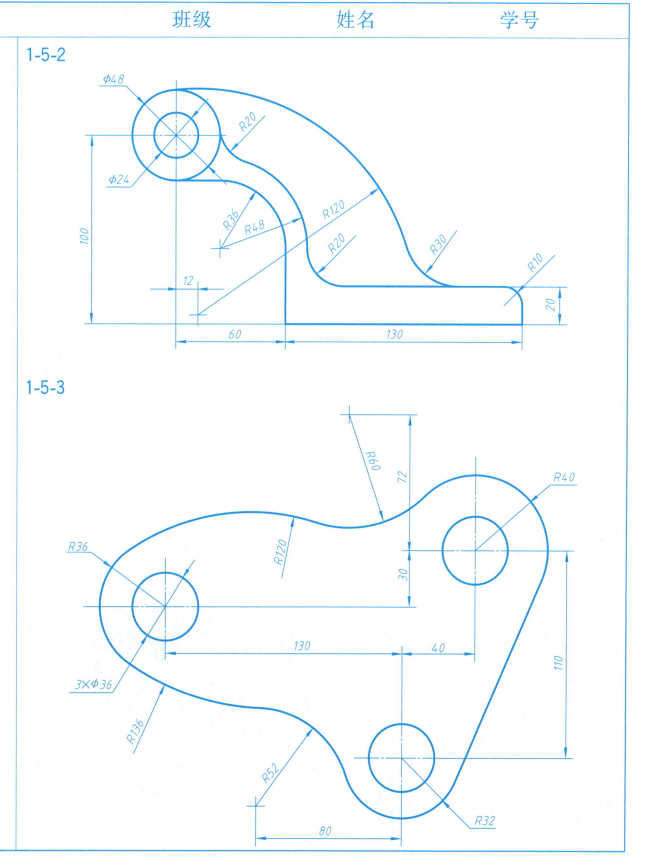

第 2 章 投 影 基 础

2-1 根据立体图，绘制物体的三视图　　　　　　班级　　　姓名　　　学号

2-1-1

2-1-2

2-1-3

2-1-4

2-1 根据立体图，绘制物体的三视图　　　　　　　　　班级　　　姓名　　　学号

2-1-5

2-1-6

2-1-7

2-1-8

2-2 点的投影　　　　　　　　　　　　　　　　　班级　　　　姓名　　　　学号

2-2-1 已知点 A（30，35，25）的坐标，作出其三面投影图。

2-2-2 根据点的两面投影，作出其第三面投影图。

2-2-3 已知点 A 的 H 面投影和点 B 的 W 面投影，且点 A 距 H 面的距离为 20mm，点 B 距离 W 面的距离为 40mm，作出点 A、B 其余的两面投影。

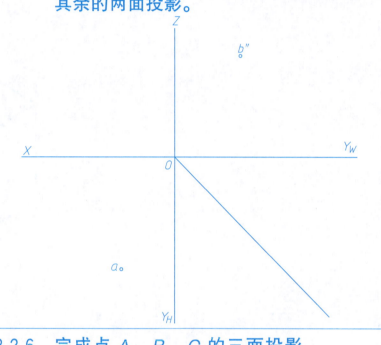

2-2-4 点 B 在点 A 之下 20mm，之右 8mm，之前 16mm，求作点 B 的三面投影。

2-2-5 已知点 B 在点 A 的正右方 12mm，点 C 在点 B 的正前方 25mm，求作点 B、C 的三面投影，并判断可见性。

2-2-6 完成点 A、B、C 的三面投影。

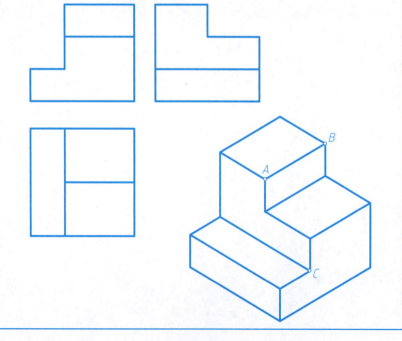

2-3 直线的投影 班级　　　姓名　　　学号

2-3-1 完成直线的第三面投影,并判断其相对投影面的位置。

2-3-2 完成点 A、B、C、D 的三面投影,并判断各直线相对投影面的位置。

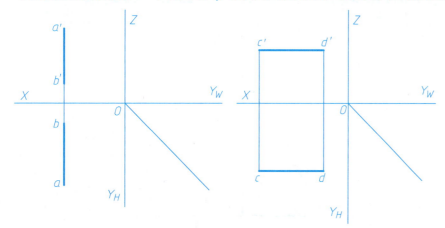

直线 AB 是_____线　　直线 CD 是_____线　　直线 EF 是_____线

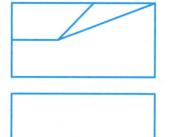 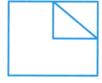
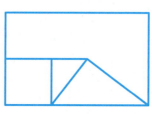 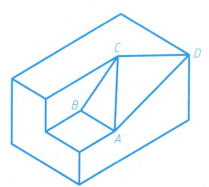

AB 是_____线
BC 是_____线
CD 是_____线
AC 是_____线

2-4 平面的投影

2-4-1 完成平面的第三面投影,并判断其相对投影面的位置。

2-4-2 根据平面 P 的标注,在立体图上或三视图上标出平面 A、B、C,并判断各平面相对投影面的位置。

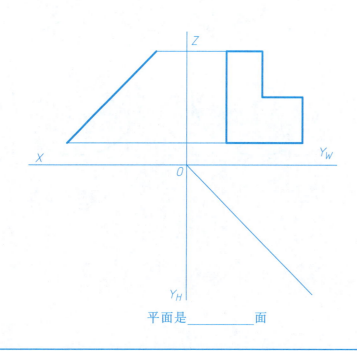 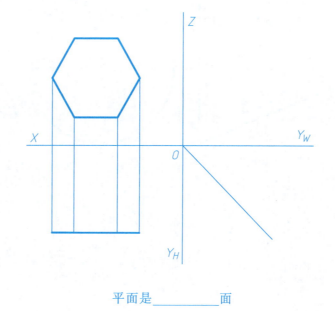

平面是_____面　　　　平面是_____面

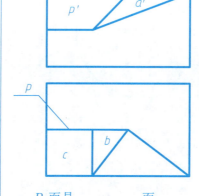 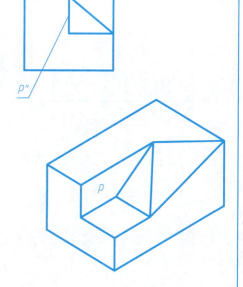

P 面是_____面
A 面是_____面
B 面是_____面
C 面是_____面

第3章 基本体及其表面交线

3-1 补画基本体的第三视图，并作出其表面上各点的其余两面投影

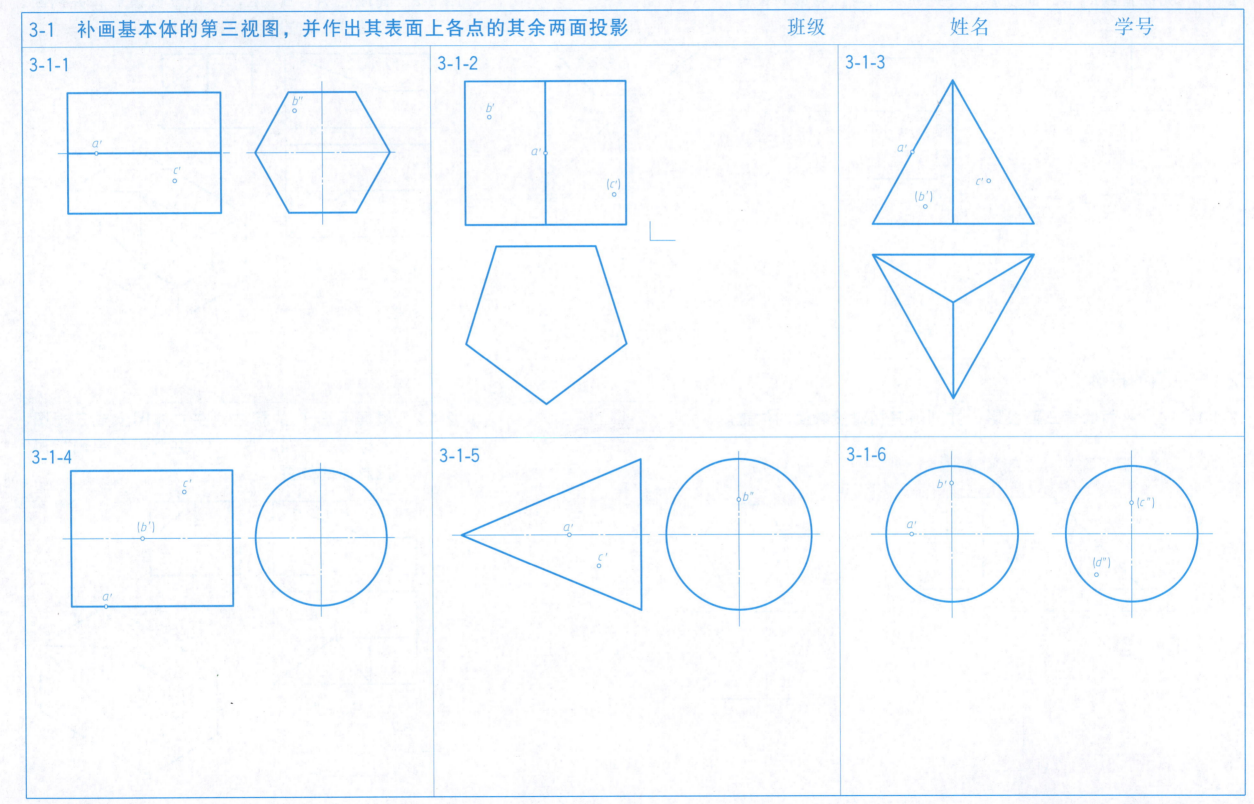

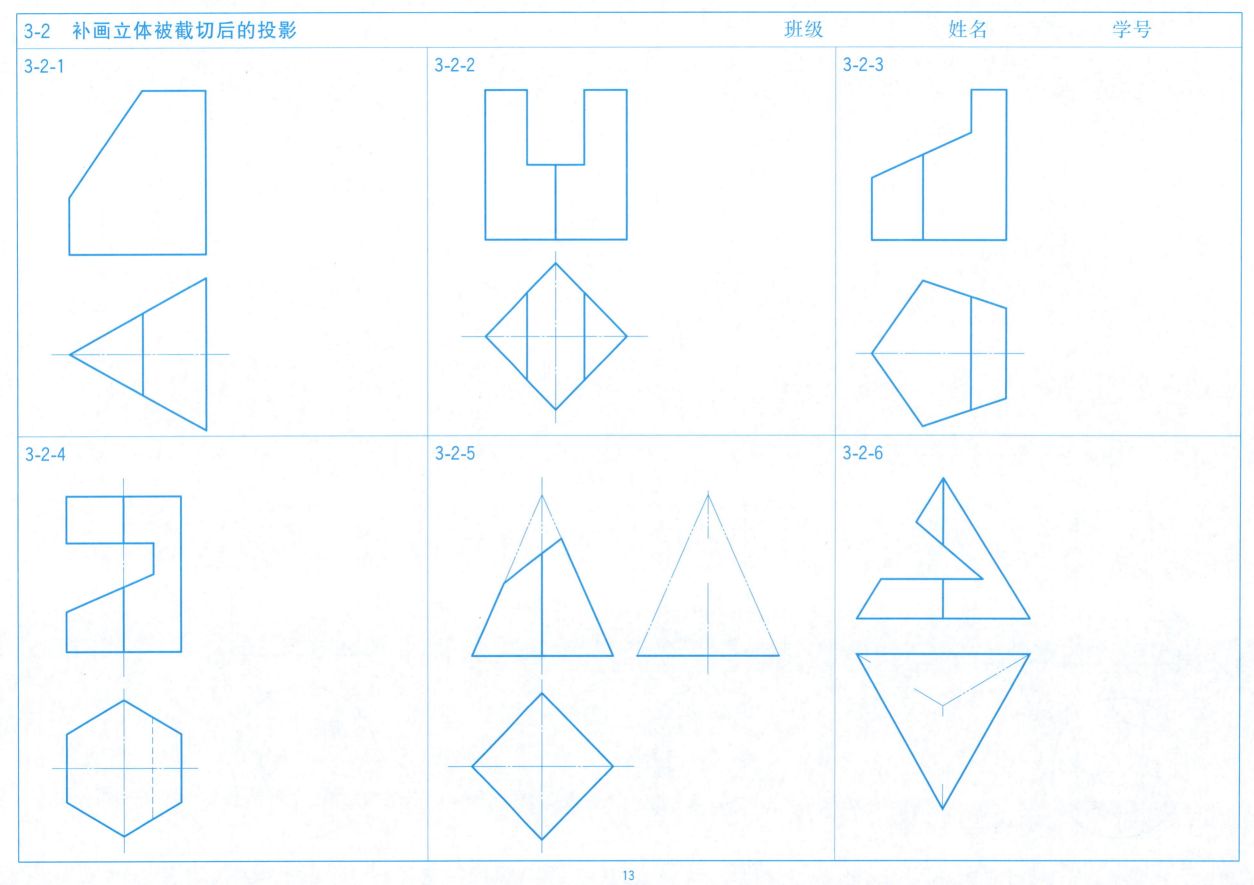

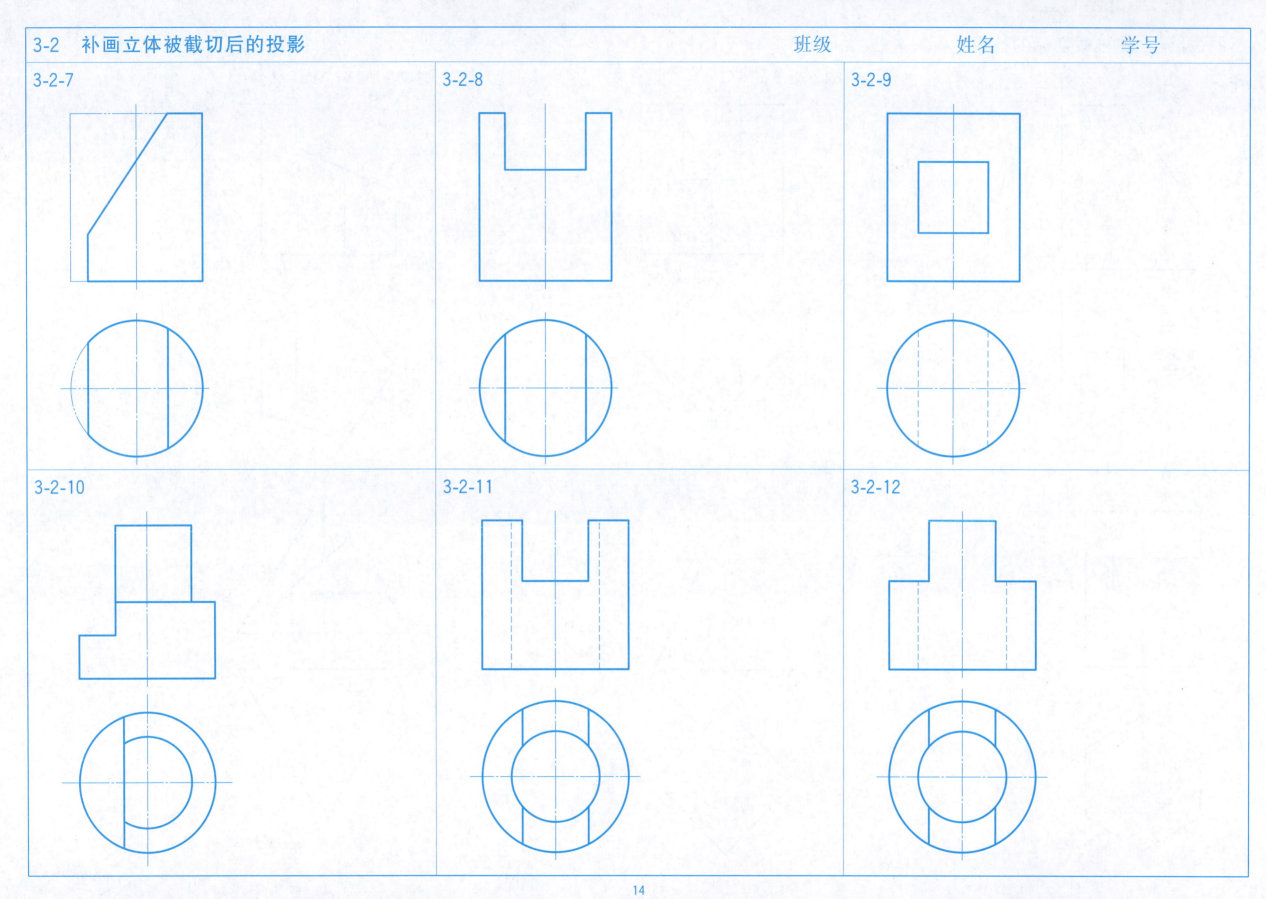

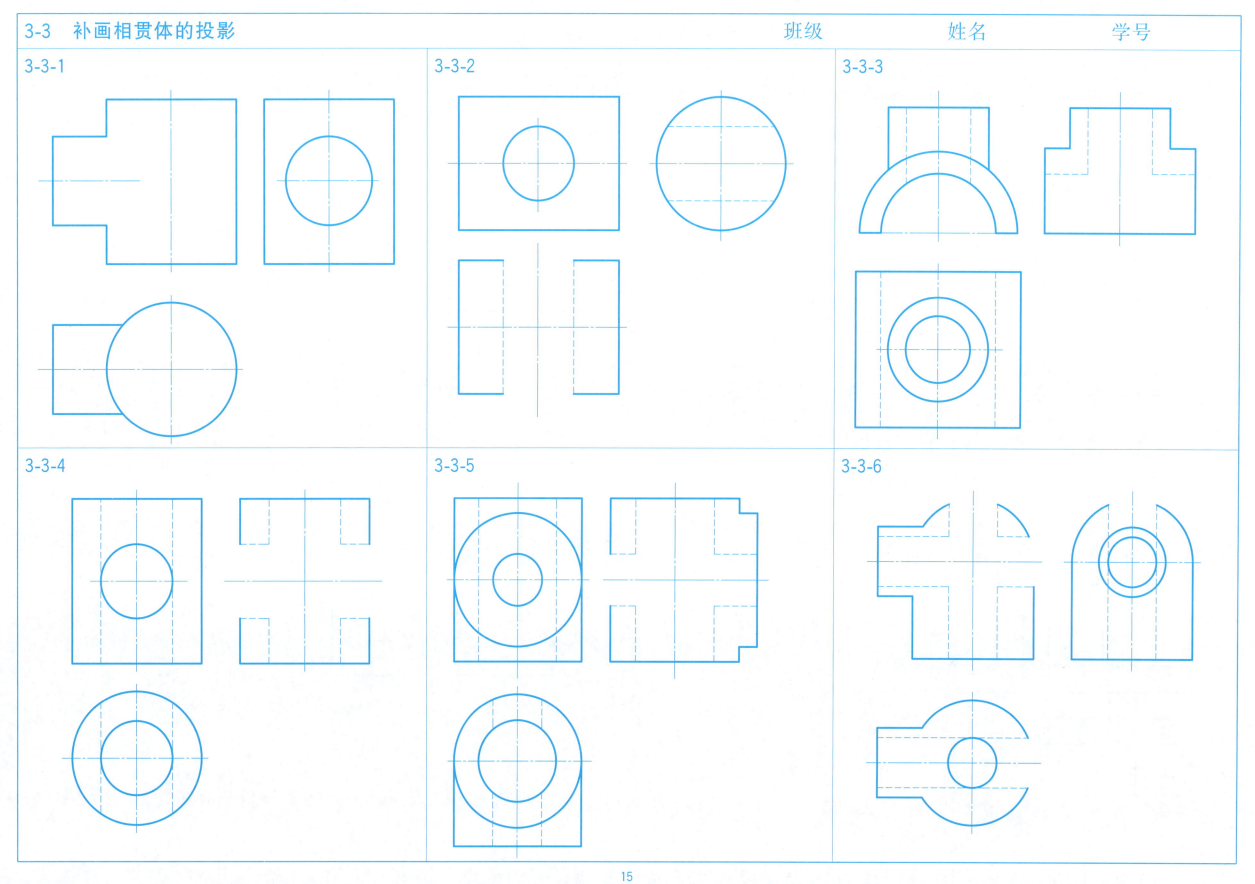

第 4 章 轴 测 图

4-1 根据已有视图，绘制物体的正等轴测图（尺寸按 1∶1 比例从视图中量取）　　班级　　　姓名　　　学号

4-1-1

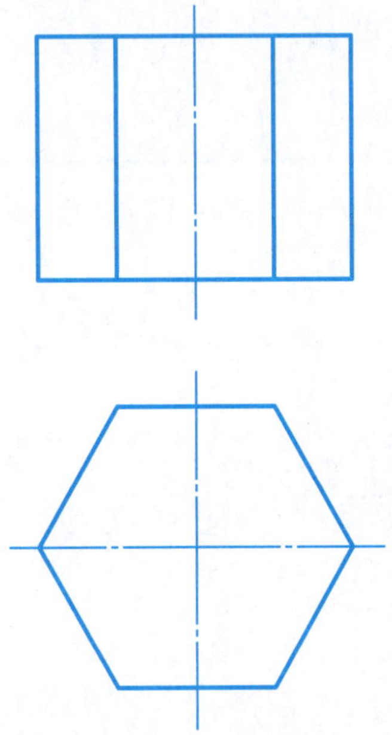

4-1-2

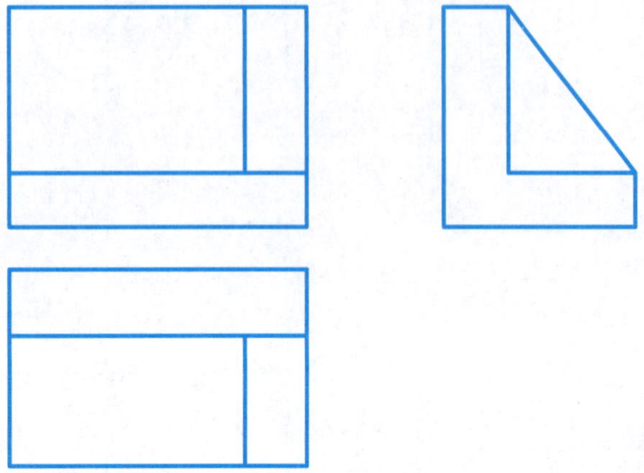

4-1-3

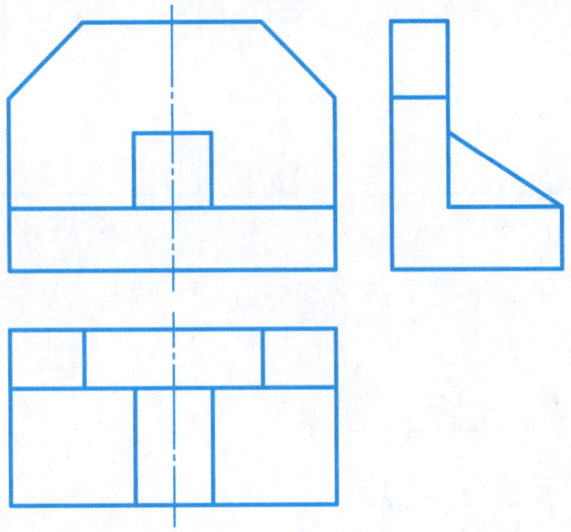

4-1-4

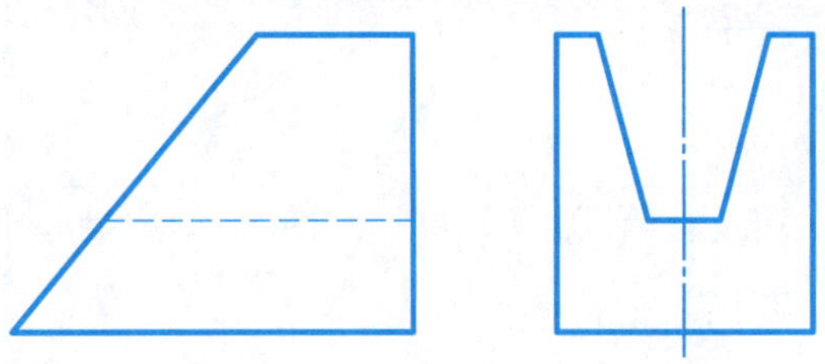

4-1 根据已有视图，绘制物体的正等轴测图（尺寸按1∶1比例从视图中量取）　　　班级　　　姓名　　　学号

4-1-5

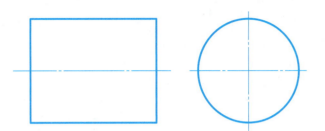

4-1-6

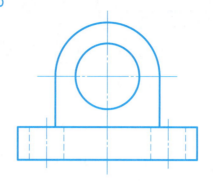

4-2 根据已有视图，绘制物体的斜二等轴测图（尺寸按1∶1比例从视图中量取）

4-2-1

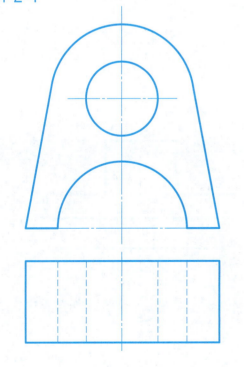

4-2-2

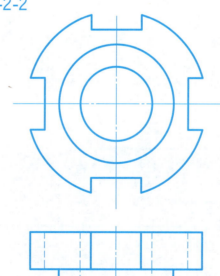

第 5 章 组 合 体

5-1 补画视图中的漏线

班级　　姓名　　学号

5-1-1

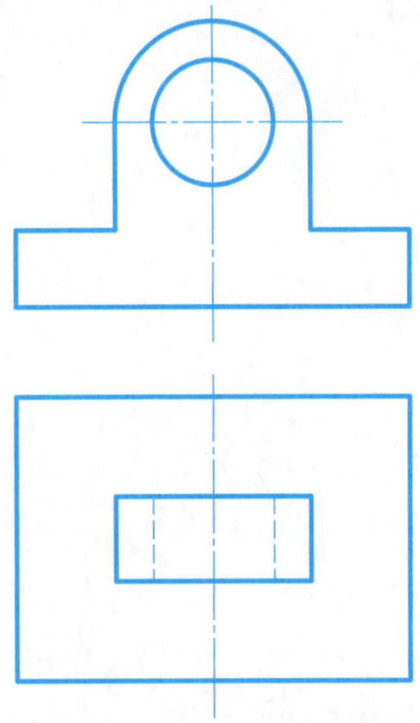

5-1-2

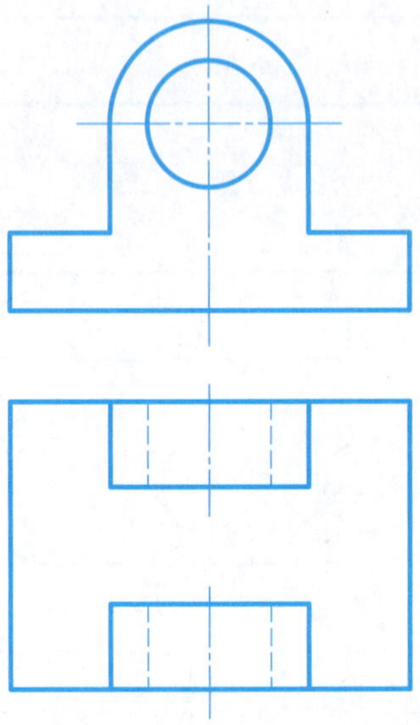

5-1-3

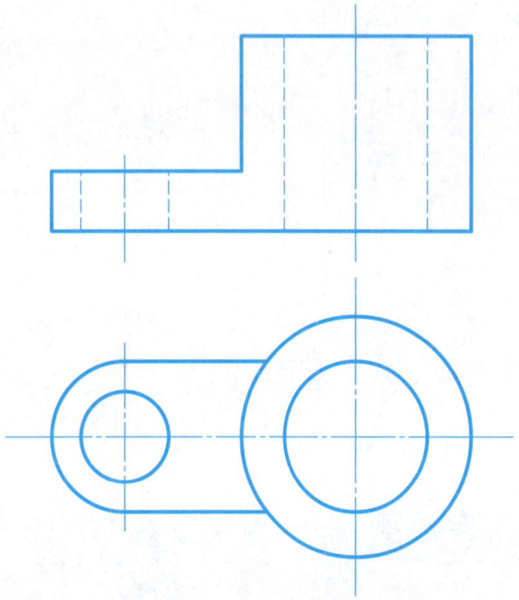

5-1-4

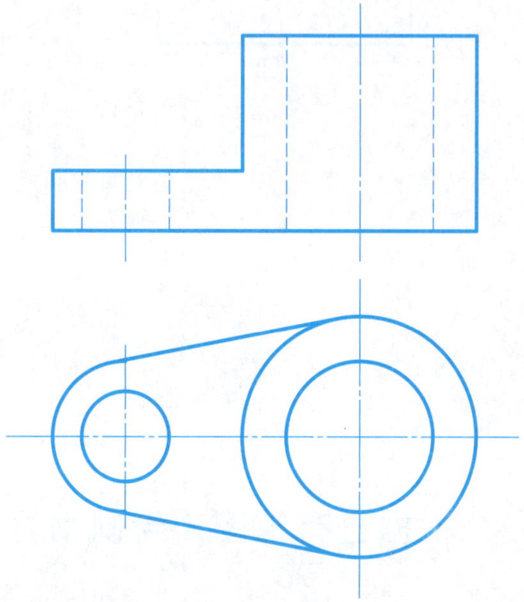

5-1-5

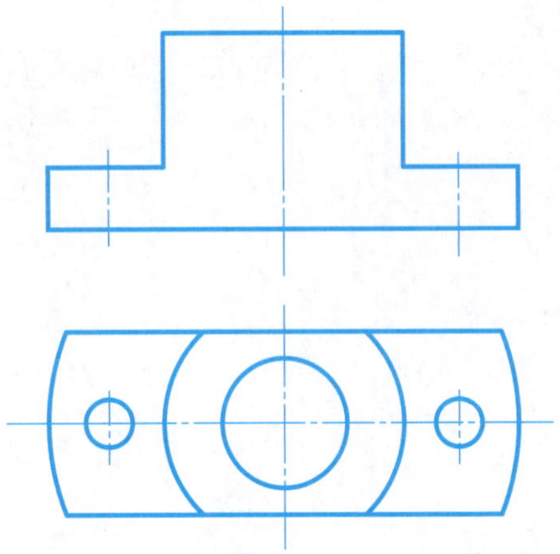

5-1-6

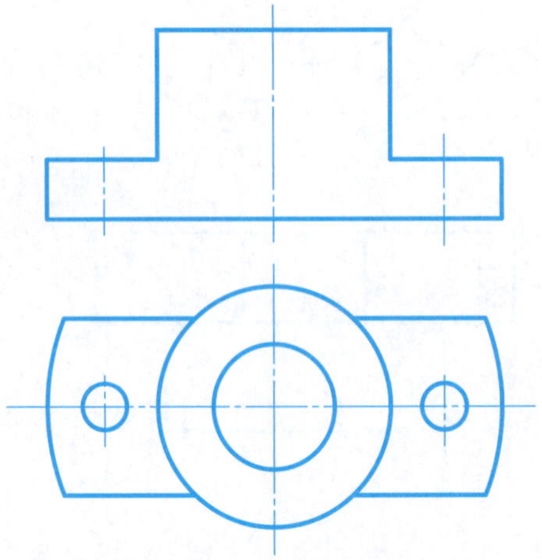

5-1-7

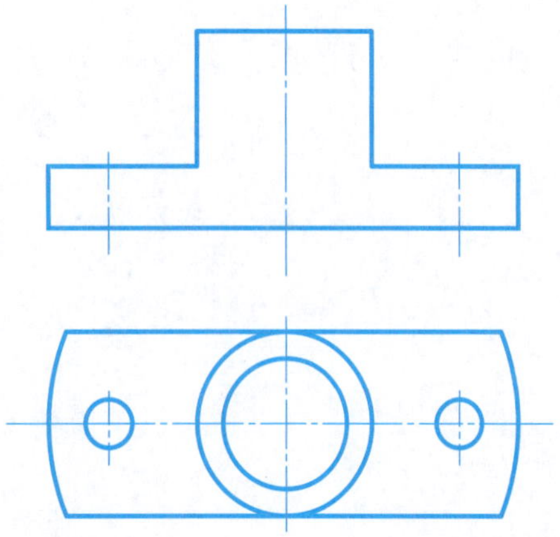

5-1-8

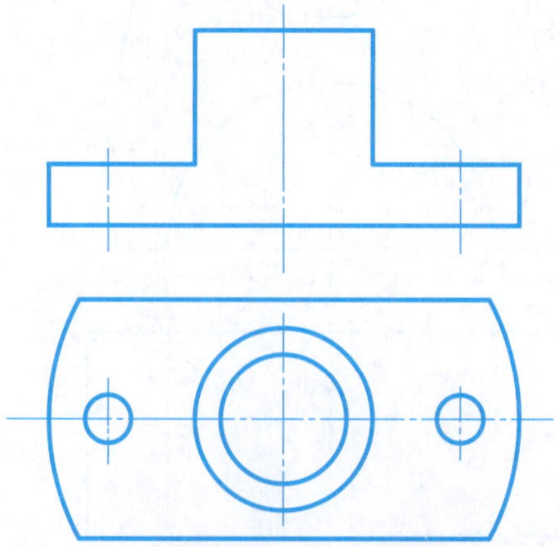

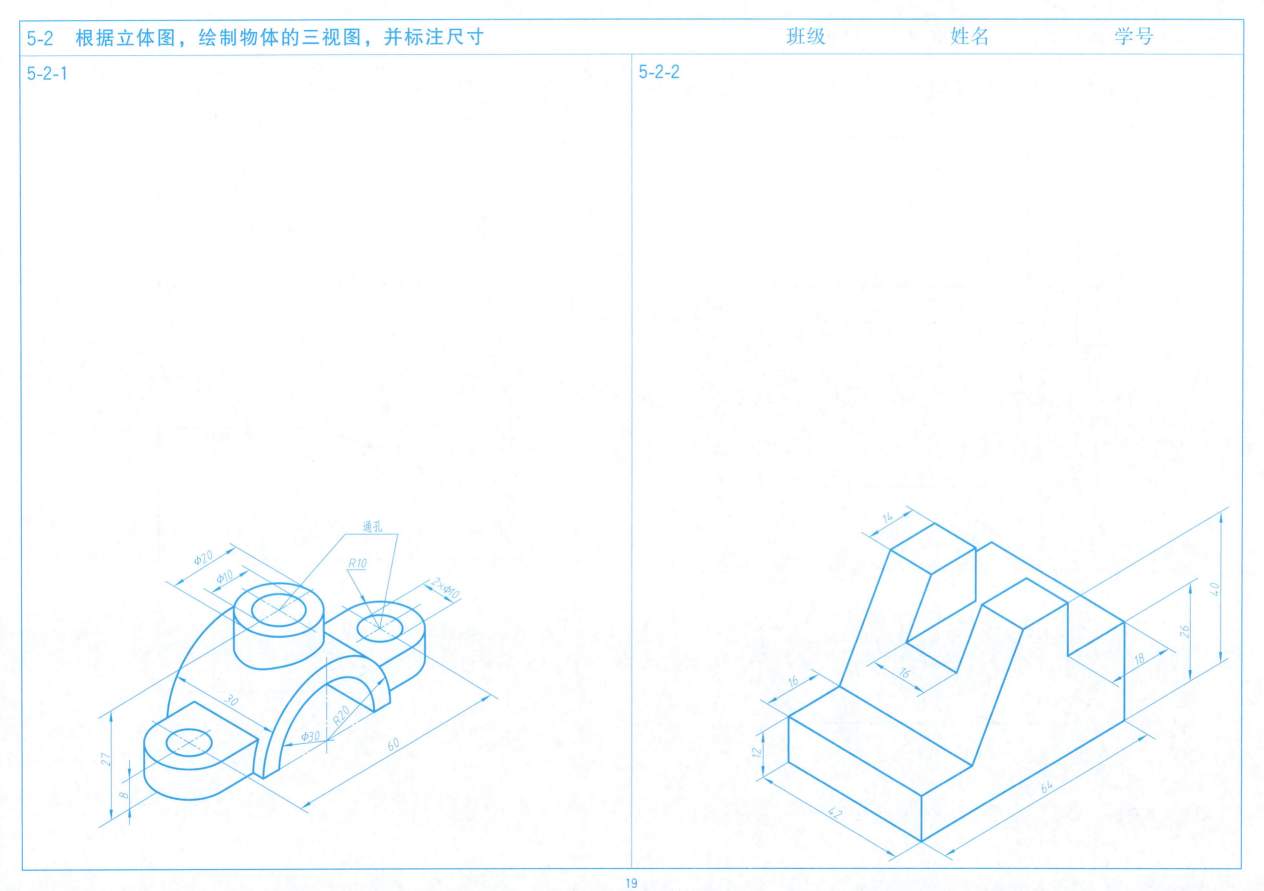

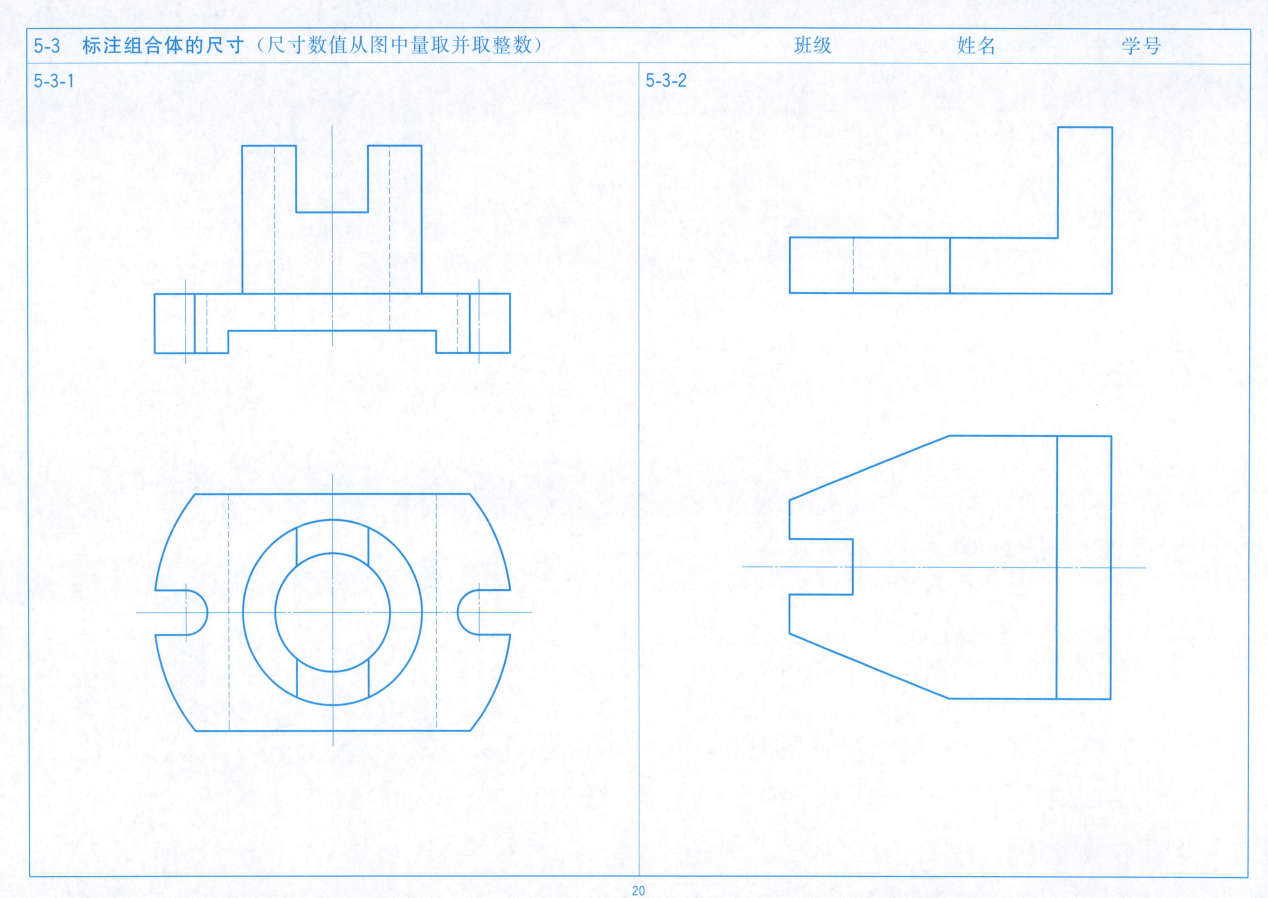

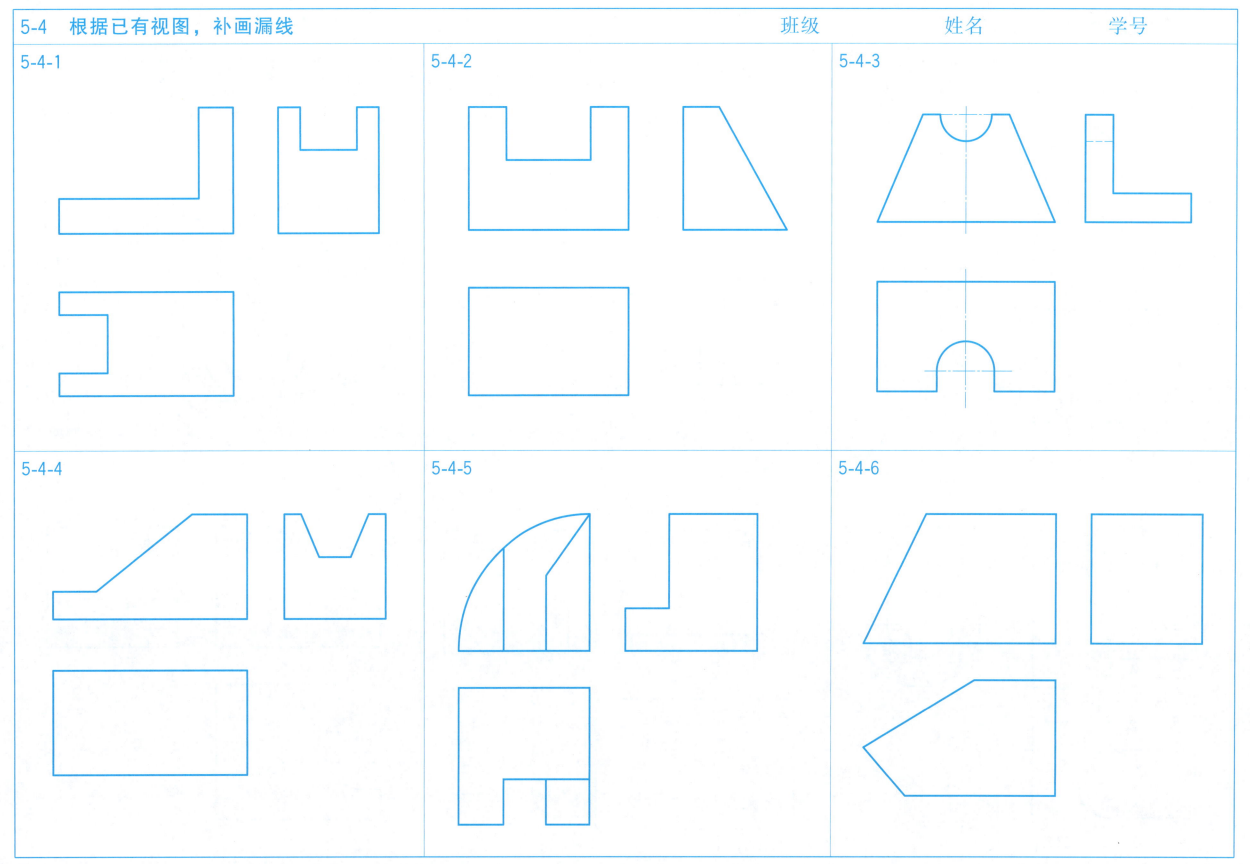

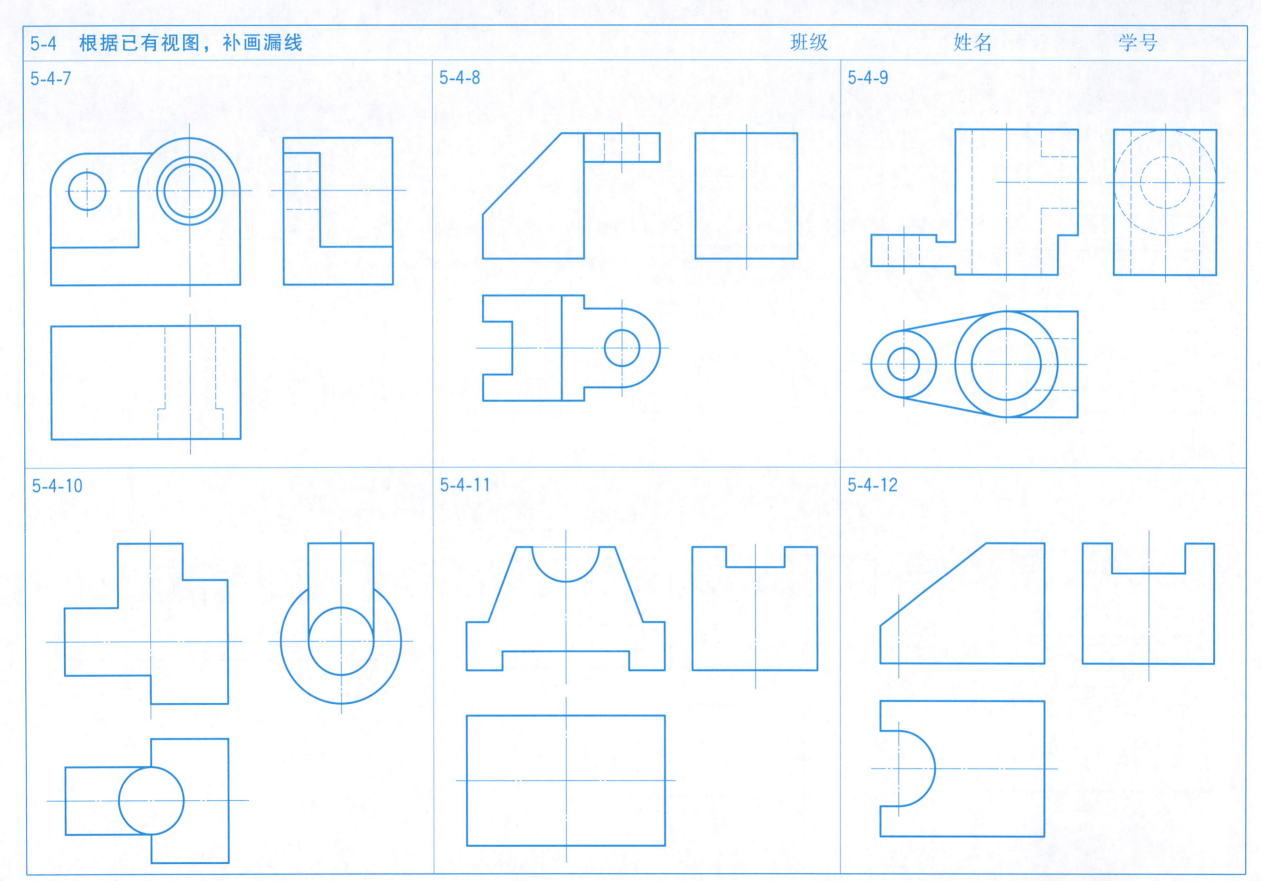

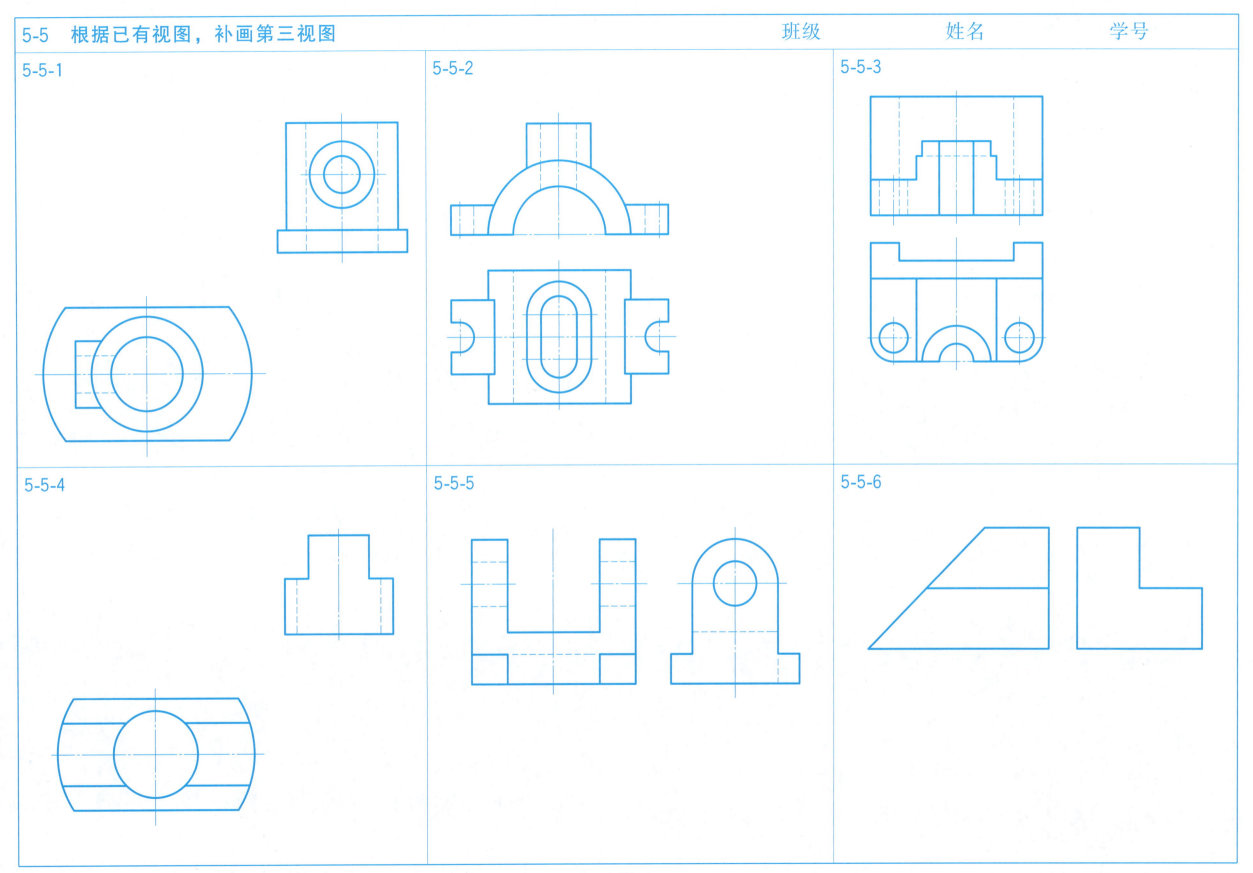

5-6 根据立体图，绘制组合体三视图，并标注尺寸　　班级　　姓名　　学号

图名：组合体三视图。
内容：任选一题，选择图幅、确定比例，绘制组合体三视图，并标注尺寸。
目的：培养运用三视图表达组合体的能力。
要求：
(1) 布图匀称合理，图面清晰、整洁。
(2) 视图绘制正确，尺寸标注正确、完整、清晰。
(3) 线型均匀一致且符合国家标准规定，图线粗细分明。
(4) 认真书写文字、尺寸数字、箭头大小一致。
注意：图中的孔均为通孔。

5-6-1

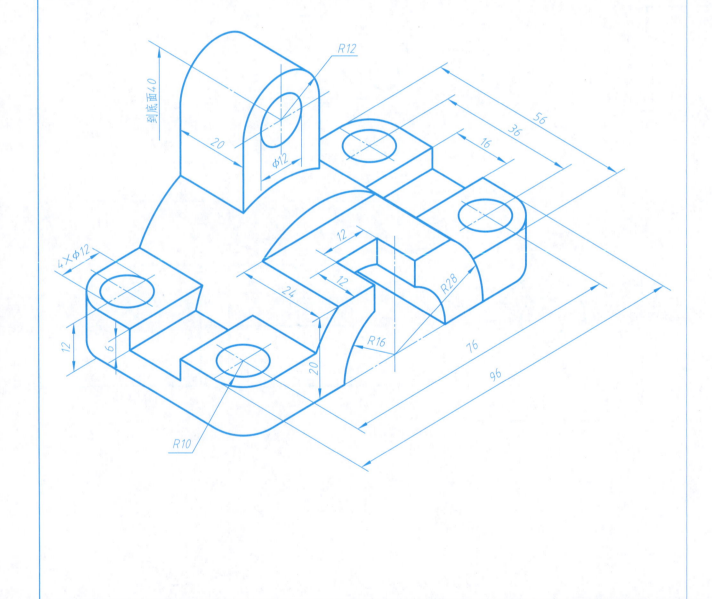

5-6-2

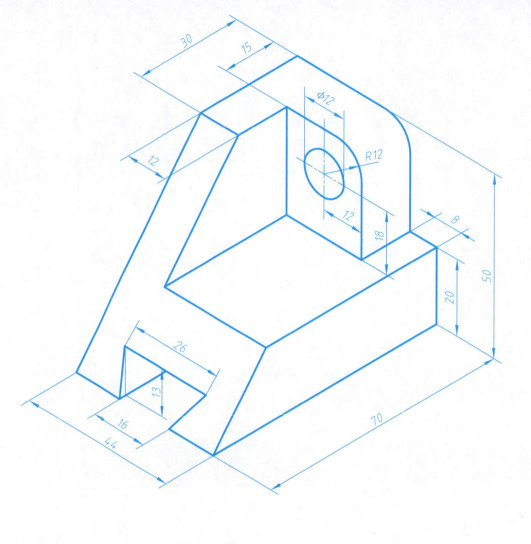

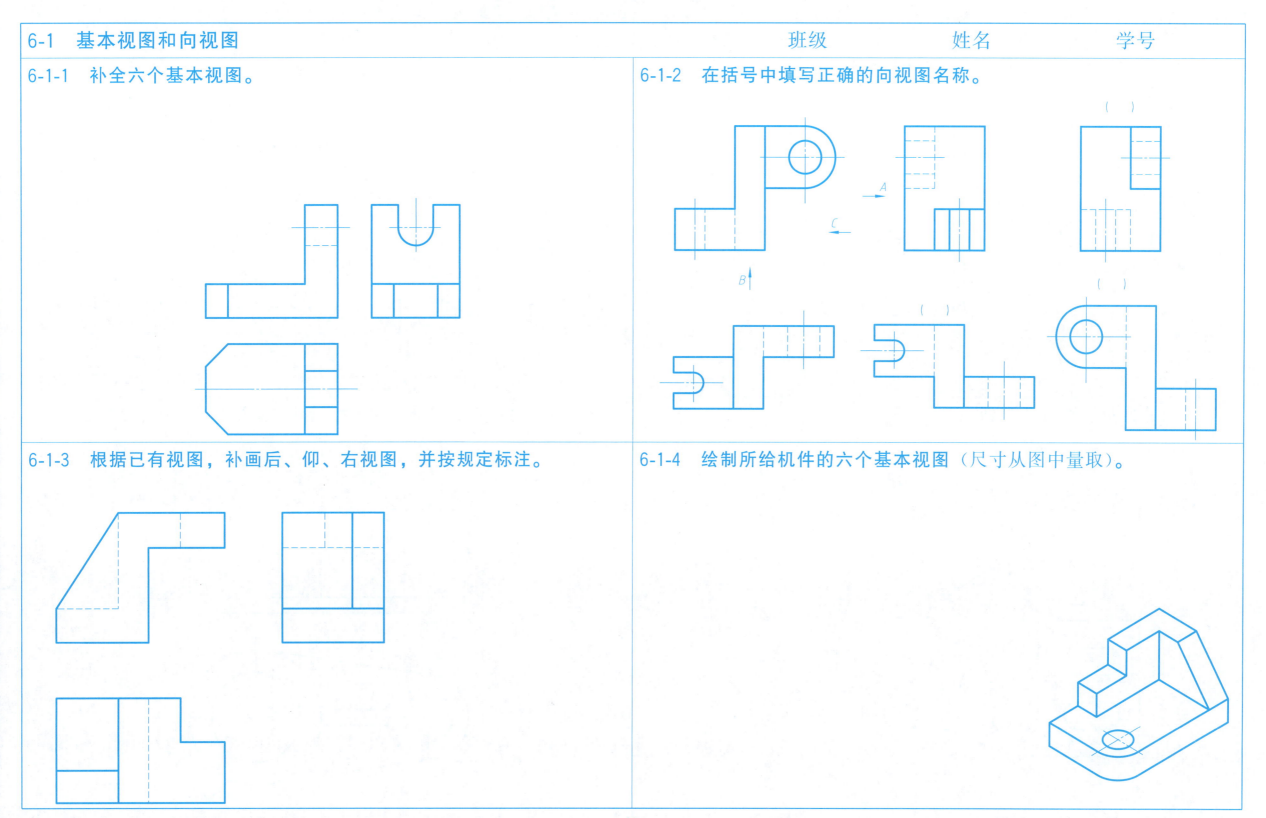

6-2 局部视图和斜视图

6-2-1 选择正确的 A 向和 B 向局部视图（括号内画√）。

6-2-2 选择正确的 A 向斜视图（括号内画√，多选）。

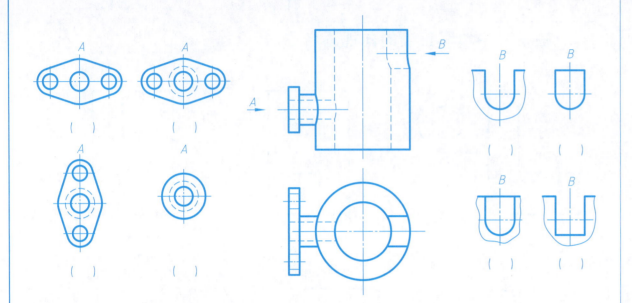

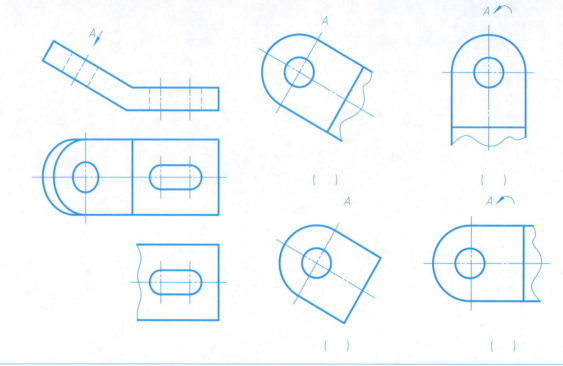

6-2-3 在指定位置画出 A 向斜视图和 B 向局部视图。

6-2-4 分别绘制 A 处的局部视图和 B 处的斜视图，并按规定标注。

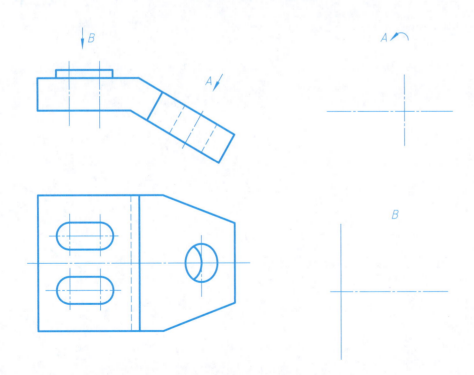

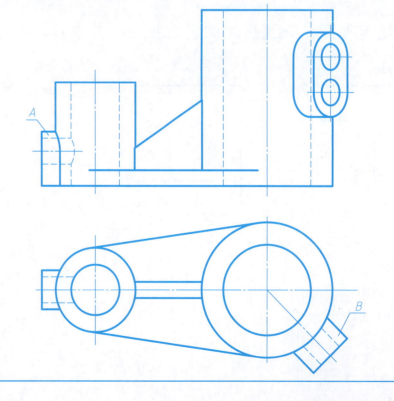

6-3 剖视图   班级   姓名   学号

6-3-1 补画剖视图中所缺的图线。

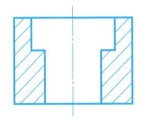
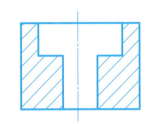
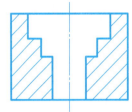

6-3-2 补画剖视图中所缺的线。

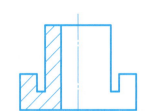
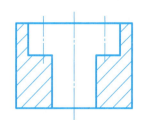
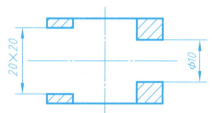

6-3-3 补画剖视图中所缺的图线，并完整标注剖切平面位置、投射方向及剖视图名称。

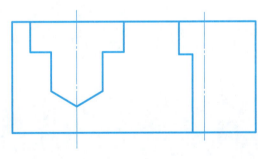
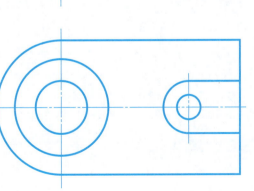
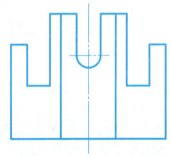
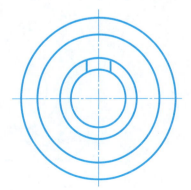
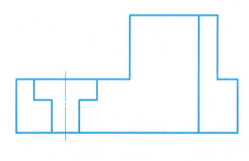
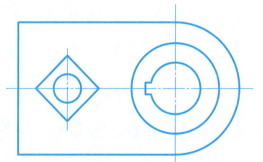
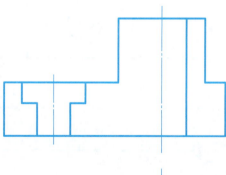
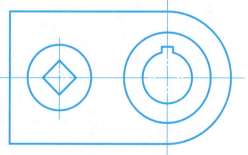

6-4 全剖视图　　　　　　　　　　　　　　　班级　　　　姓名　　　　学号

6-4-1 在指定位置将主视图改为全剖视图。

6-4-2 在指定位置将主视图改为全剖视图。

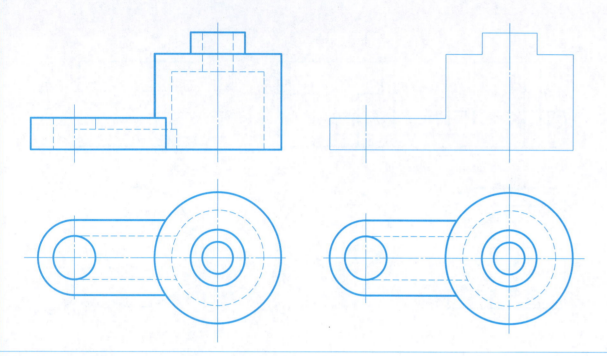
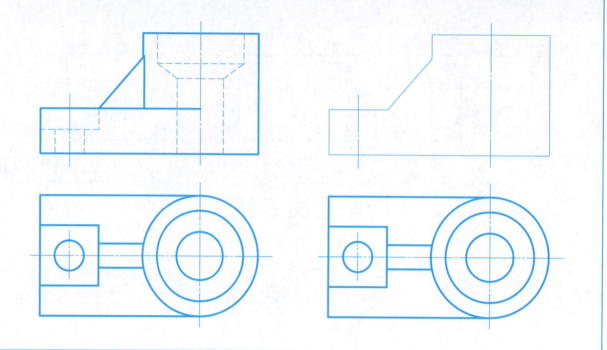

6-4-3 读懂主、俯视图，画出全剖的左视图。

6-4-4 读懂主、俯视图，画出全剖的左视图。

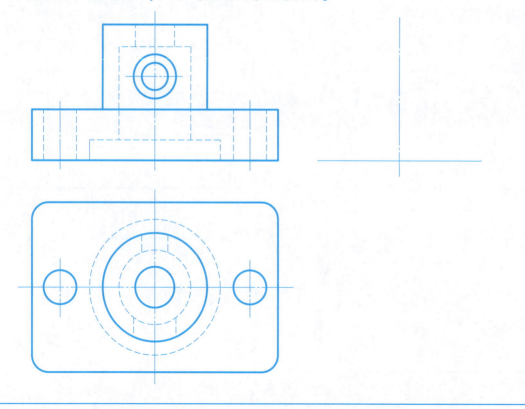
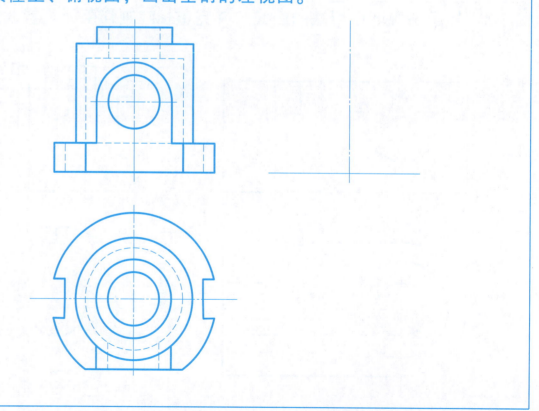

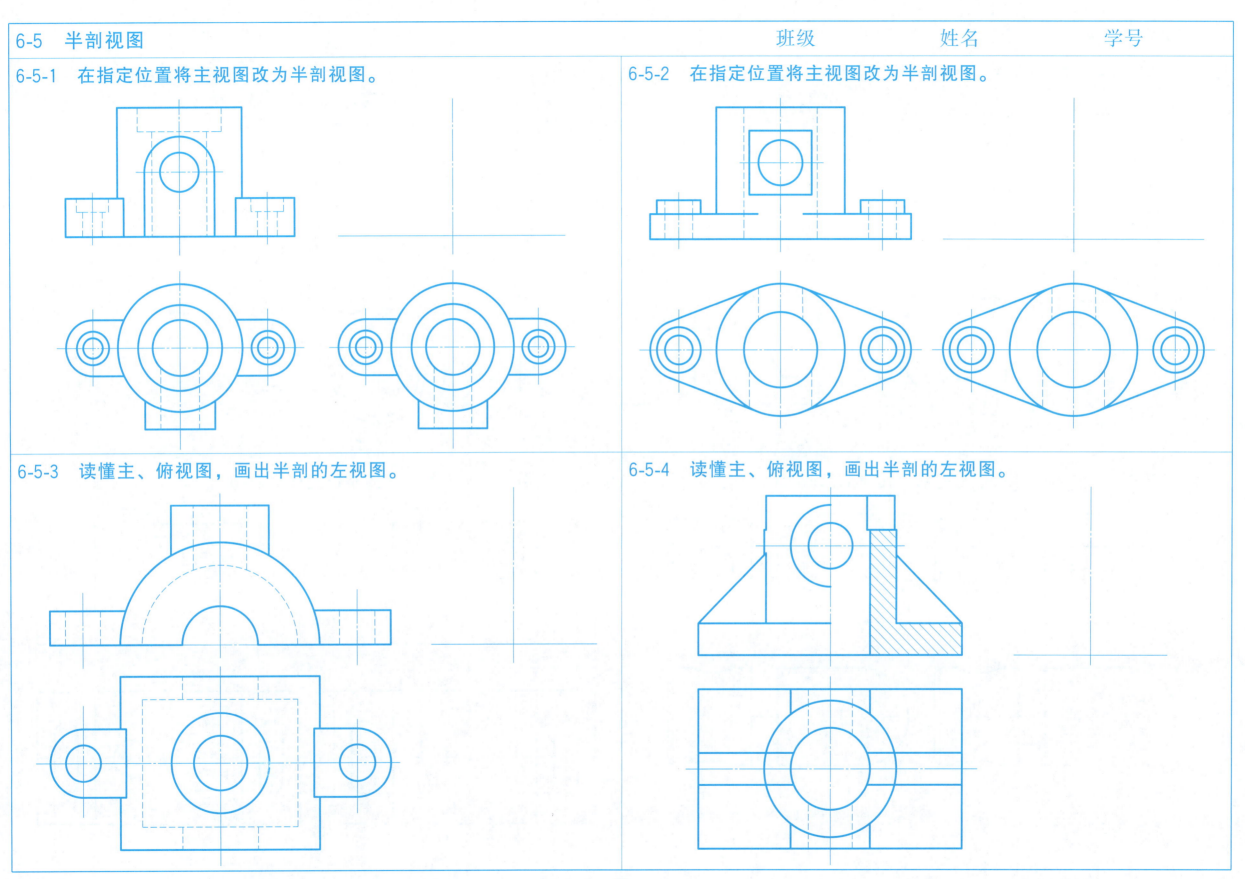

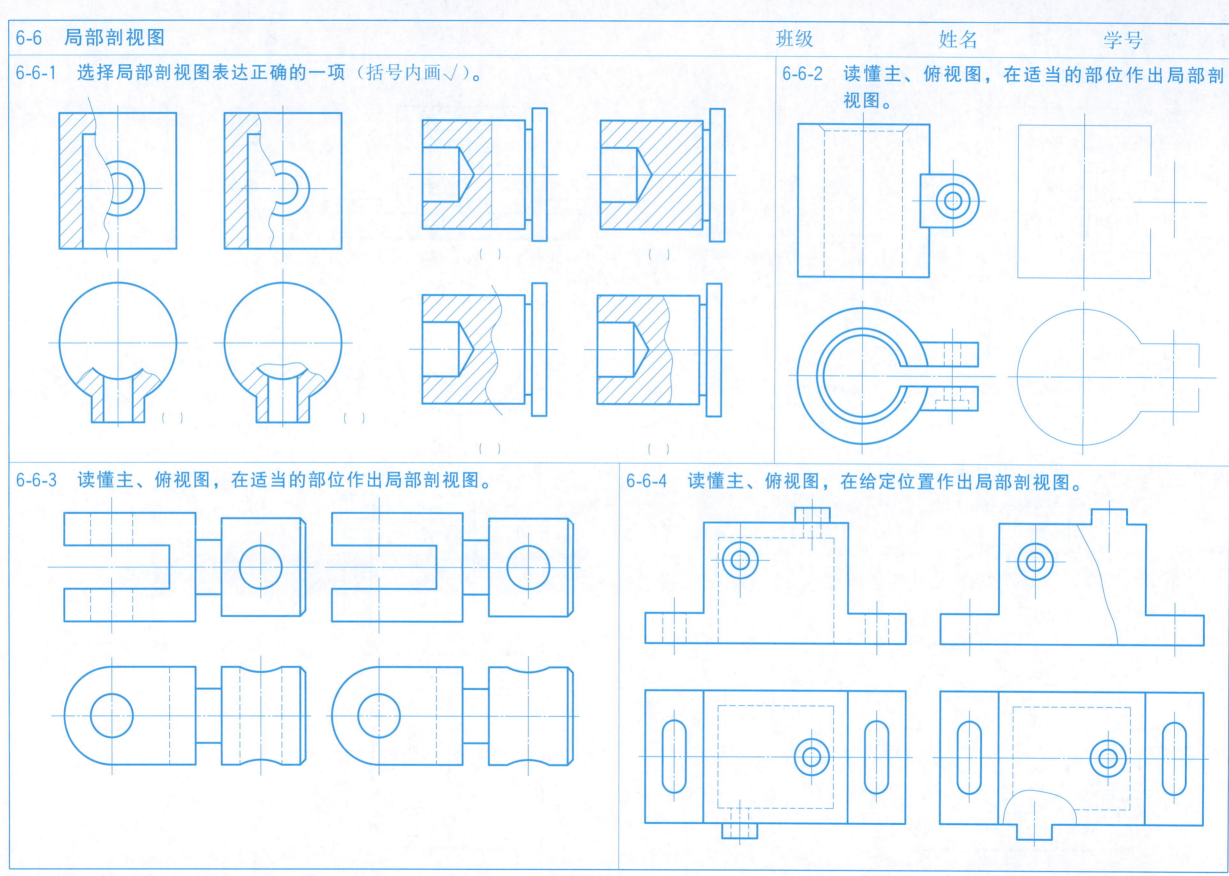

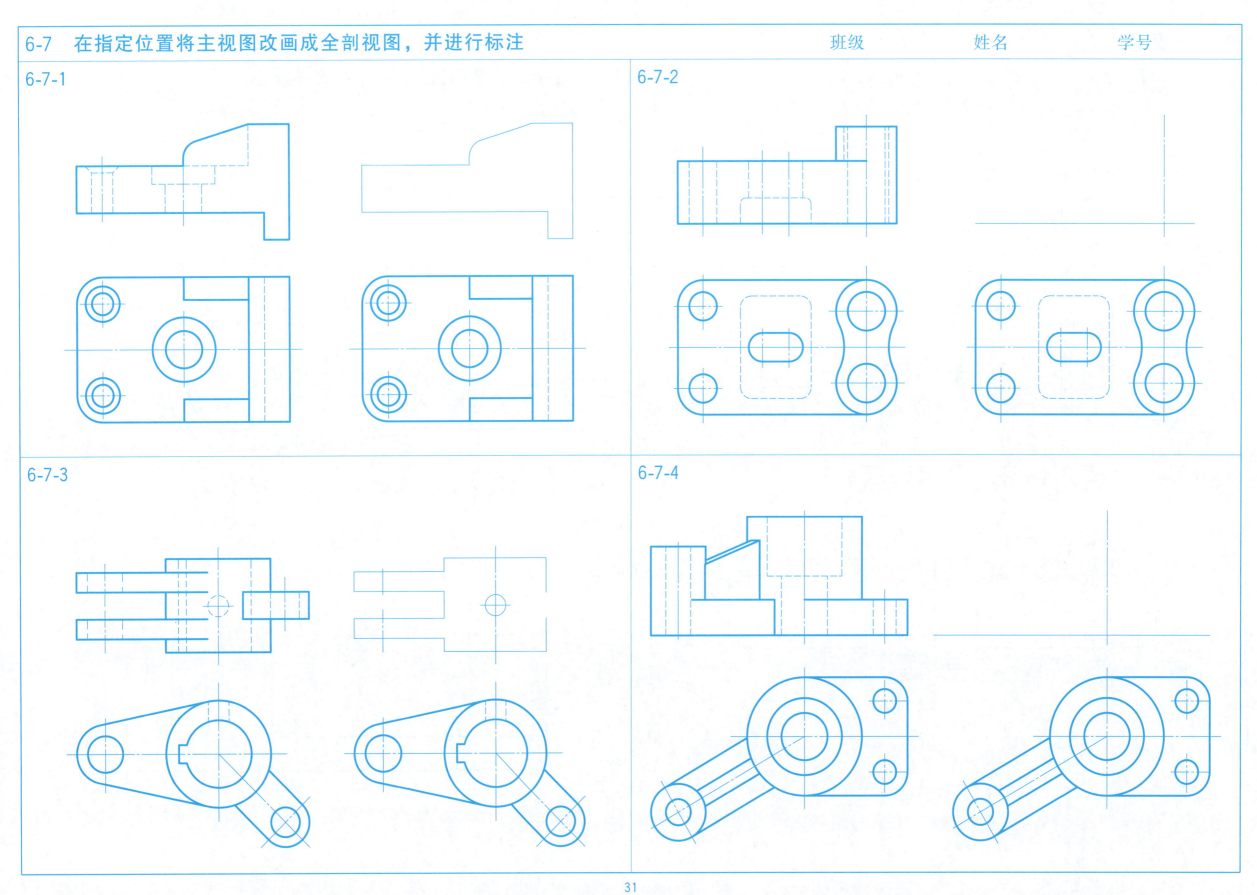

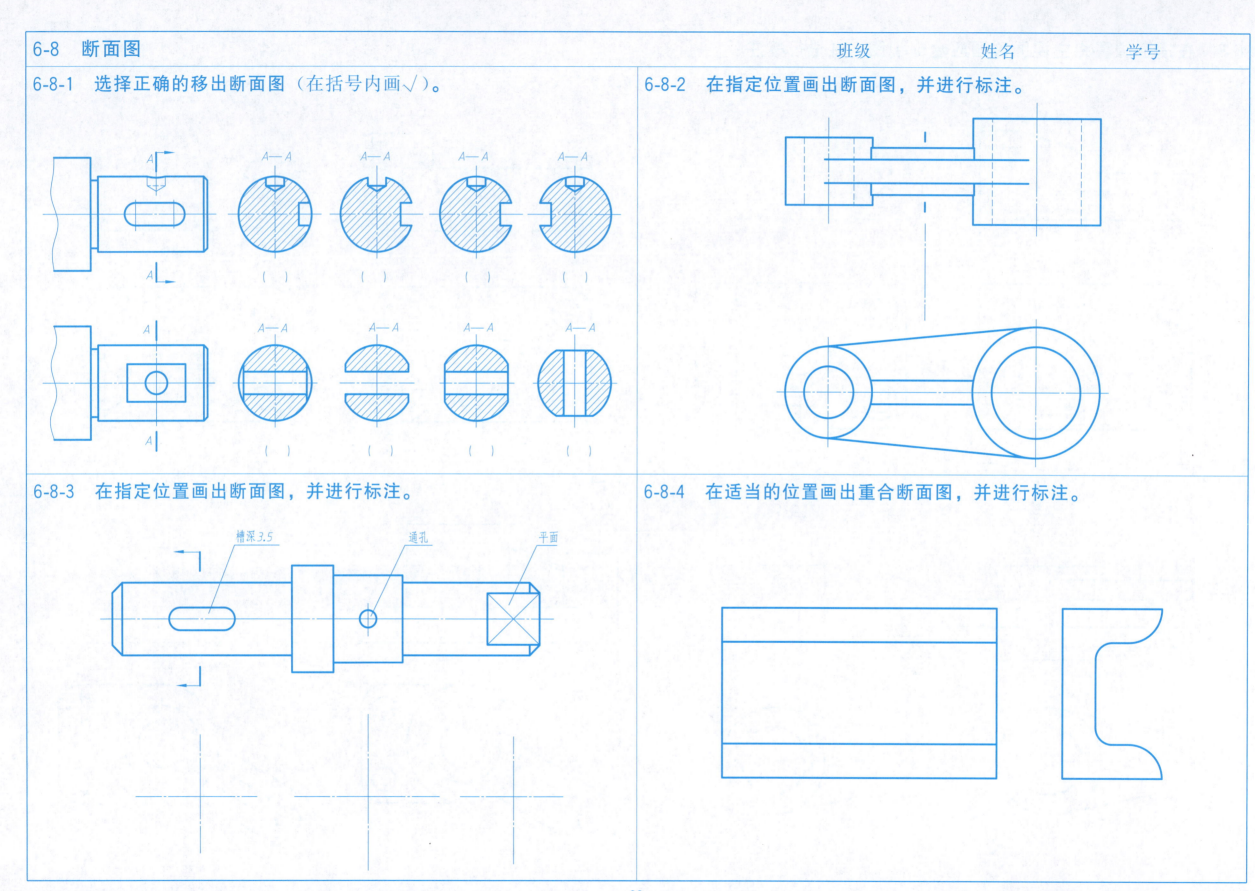

6-9 机件的综合表达

班级　　　姓名　　　学号

内容：根据机件的立体图，选择合适的表达方案绘制图样，并标注尺寸。

目的：
(1) 培养综合运用各种表达方法表达机件的能力。
(2) 掌握合理选用不同的剖视图表达机件的内、外结构形状。
(3) 掌握国家标准规定的简化画法。

要求：
(1) 图幅：A3图纸，比例自定，合理布置视图。
(2) 完整、清晰地表达机件的内、外结构形状。
(3) 标注尺寸完整、清晰，符合国家标准规定。

6-9-1

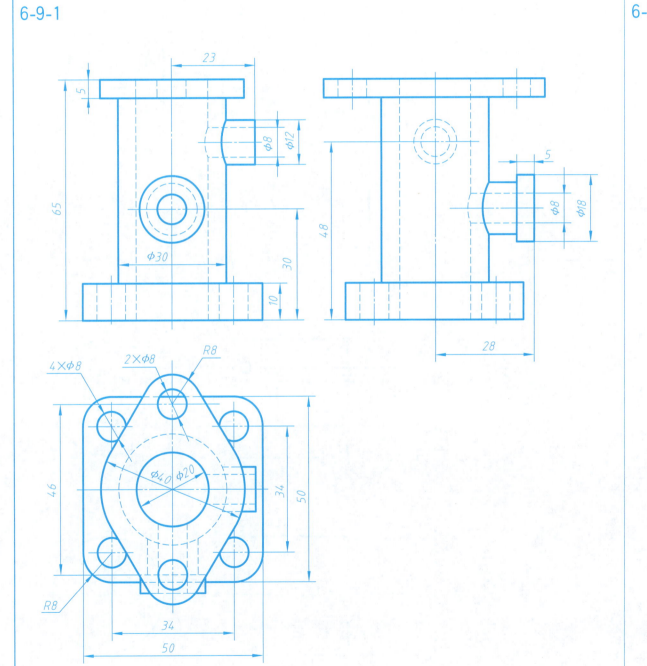

6-9-2

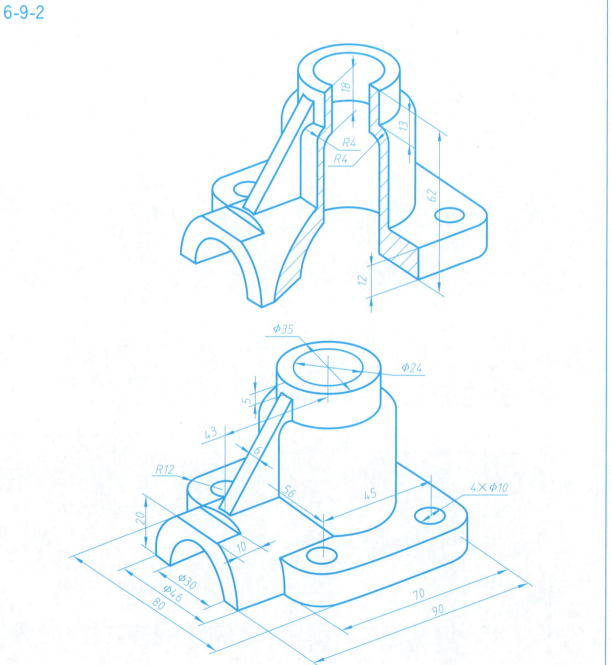

第 7 章 标准件和常用件

7-1 检查螺纹画法中的错误，按正确画法画在下面　　　　班级　　　姓名　　　学号

7-1-1

7-1-2

7-1-3

7-1-4

7-1-5

7-1-6

7-2 说明螺纹标记的意义，逐项填入表内   班级   姓名   学号

7-2-1

标记	螺纹种类	公称直径	导程	螺距	线数	公差带代号	旋向	旋合长度
M10-6H								
M20×Ph3P1.5-6g								
M20×2-5g6g-S-LH								
Tr40×14(P7)LH-8e-L								
B32×6-7H								

7-2-2

标记	螺纹种类	尺寸代号	螺纹大径	螺纹小径	旋向
G1/2A-LH					
Rc3/4					
Rp1					
G1¼A					
R1¼LH					

7-3 在下列各图中标注螺纹的规定标记

7-3-1 细牙普通螺纹，公称直径为16mm，螺距为1.5mm，右旋，中径和顶径的公差带为6e。

7-3-2 细牙普通螺纹，公称直径为16mm，螺距为1.5mm，右旋，中径和顶径的公差带为7H。

7-3-3 梯形螺纹的公称直径为40mm，导程为14mm，螺距为7mm，双线，左旋，中径公差带代号为7e，中等组旋合长度。

7-3-4 普通螺纹，公称直径为24mm，导程为3mm，螺距为1.5mm，左旋，中径和顶径的公差带相同为7H，旋合长度为长组。

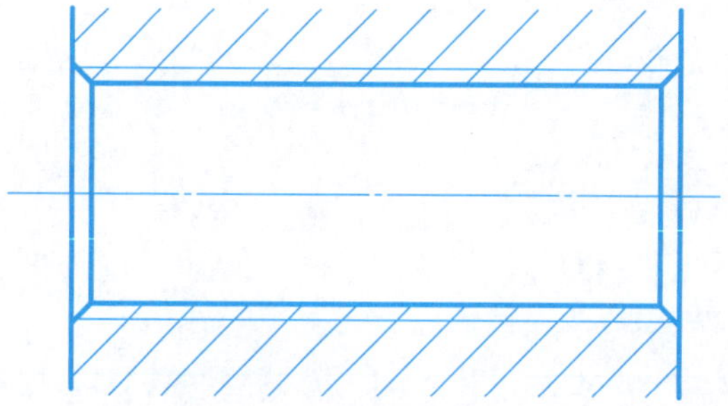

7-3-5 非螺纹密封的管螺纹，尺寸代号为1，左旋。

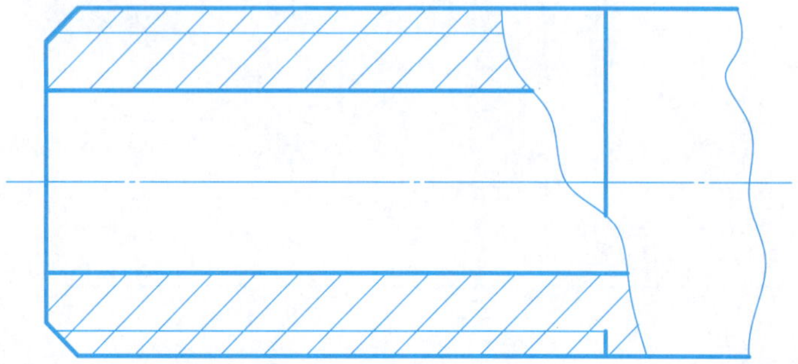

7-3-6 螺纹密封圆锥管螺纹，尺寸代号1/2，右旋。

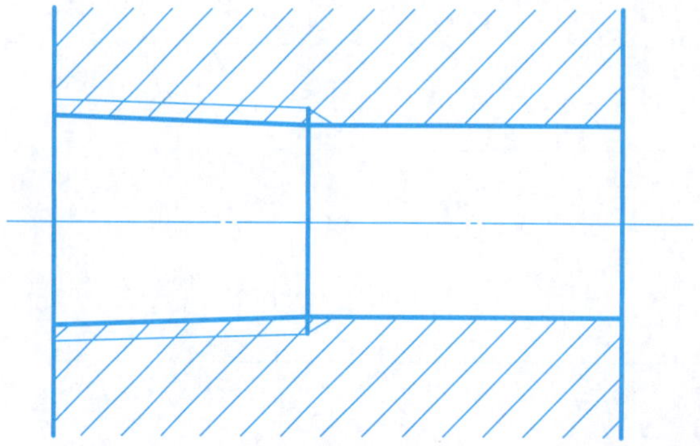

7-4 绘制螺纹紧固件的连接图

班级　　　　姓名　　　　学号

7-4-1 已知螺栓 GB/T 5782 M20×L，垫圈 GB/T 97.1 20，螺母 GB/T 6170，板厚 $\delta_1 = \delta_2 = 20\text{mm}$，绘制螺栓连接的三视图（主视图全剖）。

螺栓的标准长度：
$L = $ _____

7-4-2 已知螺柱 GB/T 898 M20×L，弹簧垫圈 GB/T 93 20，螺母 GB/T 6170，上板厚 $\delta_1 = 20\text{mm}$，绘制螺柱连接的三视图（主视图全剖）。

双头螺柱的标准长度：
$L = $ _____

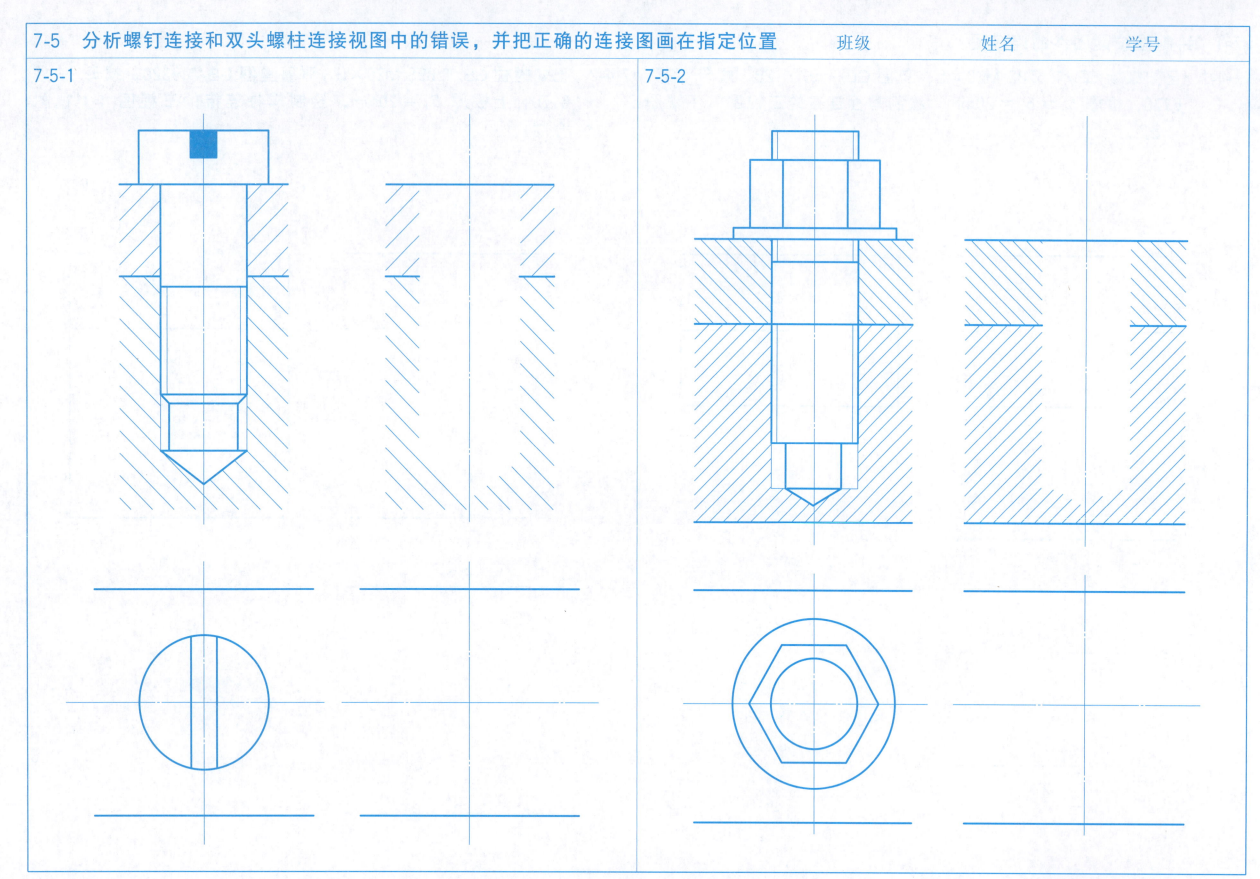

7-6 完成齿轮投影视图

7-6-1 将直齿圆柱齿轮补画完整并标注尺寸（比例 1∶1，轮齿部分根据计算确定，其他尺寸由图中量取整数）。齿数 $z=36$，模数 $m=2.5$，齿形角 $α=20°$。

7-6-2 已知直齿圆柱齿轮模数 $m=3$，小齿轮 $z_1=14$，中心距 $a=60\text{mm}$，求两个齿轮的分度圆、齿顶圆和齿根圆直径，并补画主、左视图中漏画的轮齿部分图线，完成齿轮啮合的视图。

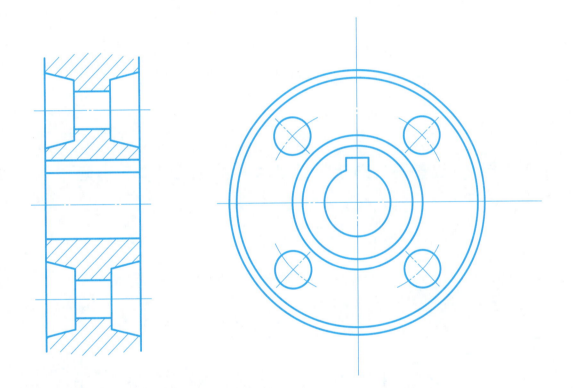

$d=$ _____
$d_a=$ _____
$d_f=$ _____

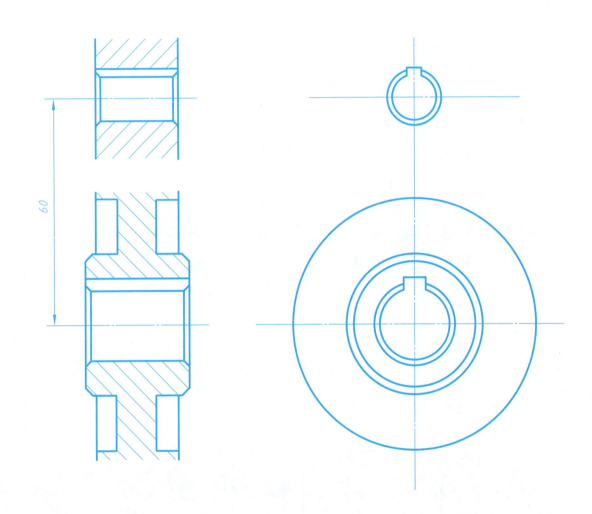

小齿轮主要尺寸：
$d_1=$ _____
$d_{a1}=$ _____
$d_{f1}=$ _____

大齿轮主要尺寸：
$d_2=$ _____
$d_{a2}=$ _____
$d_{f2}=$ _____

7-7 键连接

班级　　　　姓名　　　　学号

7-7-1 查表确定键槽尺寸，绘制轴的断面图 A—A，并标注键槽尺寸。

7-7-2 绘制与 7-7-1 中轴配合的齿轮轮毂部分的局部视图 A，补全主视图，并标注键槽尺寸（查表确定键槽尺寸）。

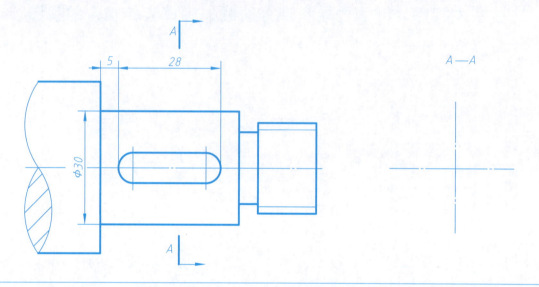

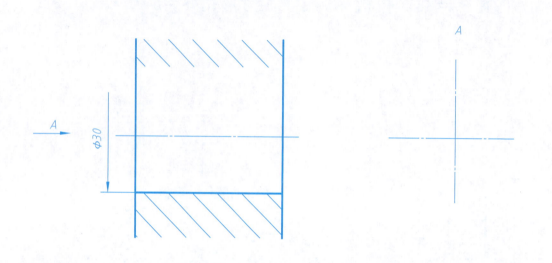

7-7-3 用 A 型普通平键（8×7×28）将轴和齿轮连接，补全键连接部分的主视图和 A—A 断面图，写出键的规定标记。

7-7-4 读半圆键连接图，判断剖视图 A—A 的正误，正确画"√"，错误画"×"。

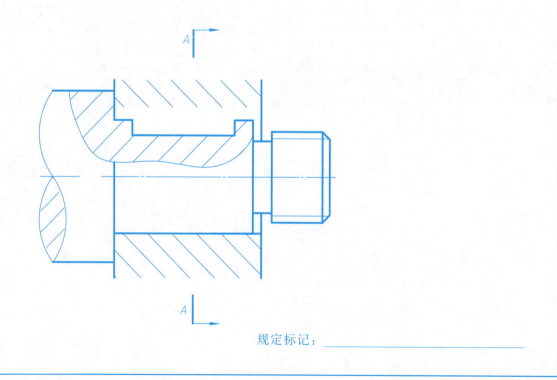

规定标记：＿＿＿＿＿＿

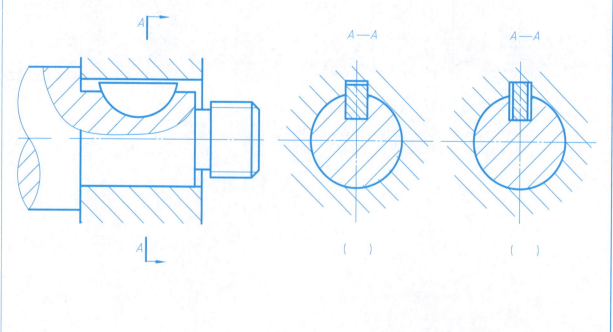

7-8 完成销连接、轴承、弹簧的视图

7-8-1 绘制 φ8 圆柱销的连接图，并写出选用圆柱销的规定标记。

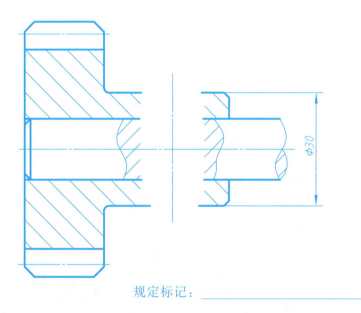

规定标记：_____

7-8-2 绘制 φ8 圆锥销的连接图，并写出选用圆锥销的规定标记。

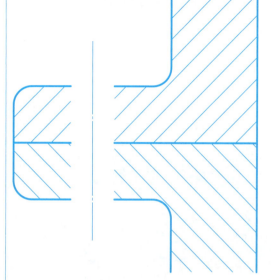

规定标记：_____

7-8-3 用规定画法绘制滚动轴承的另一侧。

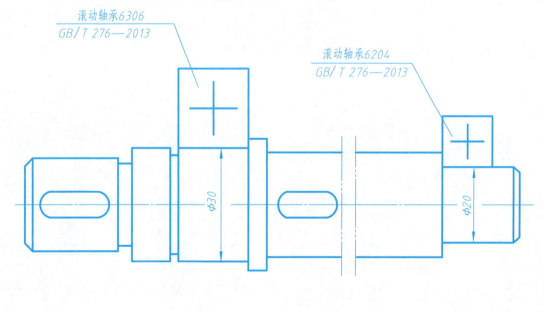

7-8-4 右旋圆柱螺旋压缩弹簧，线径 $d=6$mm，中径 $D=38$mm，节距 $t=11.8$mm，有效圈 $n=6.5$，支承圈 $n_2=2.5$，按照 1：1 的比例绘制弹簧的剖视图。

第8章　零　件　图

8-1　根据轴测图，选择合理的表达方法，绘制零件图（比例自定）　　班级　　　　姓名　　　　学号

8-1-1　绘制轴的零件图。键槽深度尺寸可查阅教材附录或相关标准。

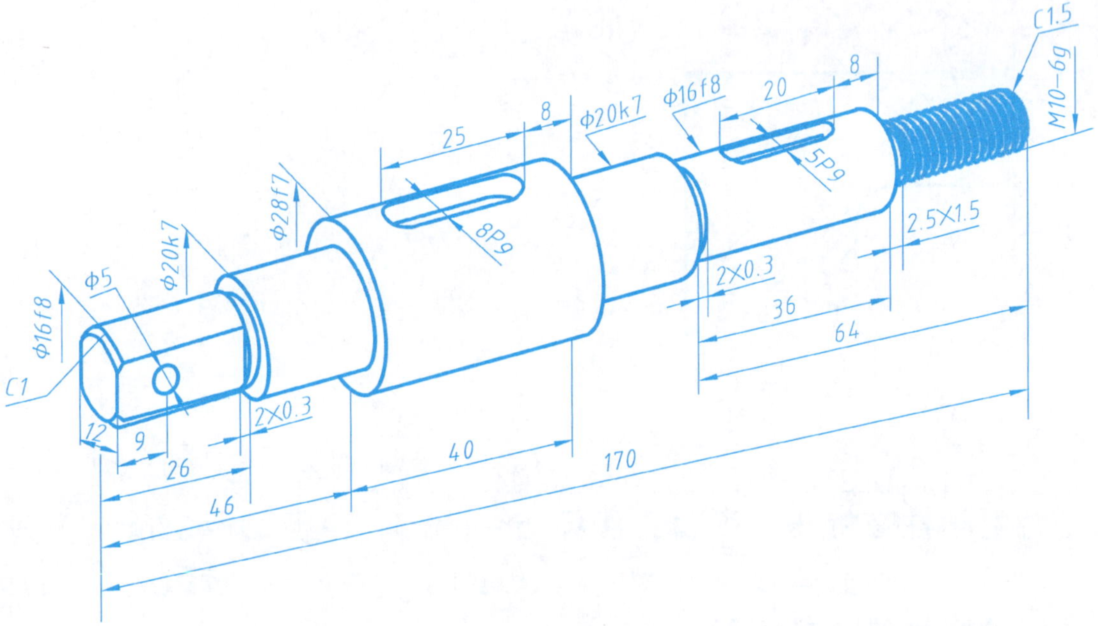

技术要求(图中标注)

1.5P9和8P9键槽对称中心平面分别对Φ16f8圆柱轴线和Φ28f7圆柱轴线的对称度公差应限定在间距为0.02的两平行平面之间;

2.Φ28f7和Φ16f8圆柱轴线对两处Φ20k7圆柱轴线的同轴度公差应限定在直径等于Φ0.04的圆柱面内;

3.Φ28f7圆柱端面对该段轴线的圆跳动公差应限定在轴向距离等于0.02的两个等圆之间。

轴		材料	比例	数量	(图号)
		45	1:1	1	
制图	(日期)	(单位名称)			
审核	(日期)				

8-1-2　绘制阀盖的零件图。

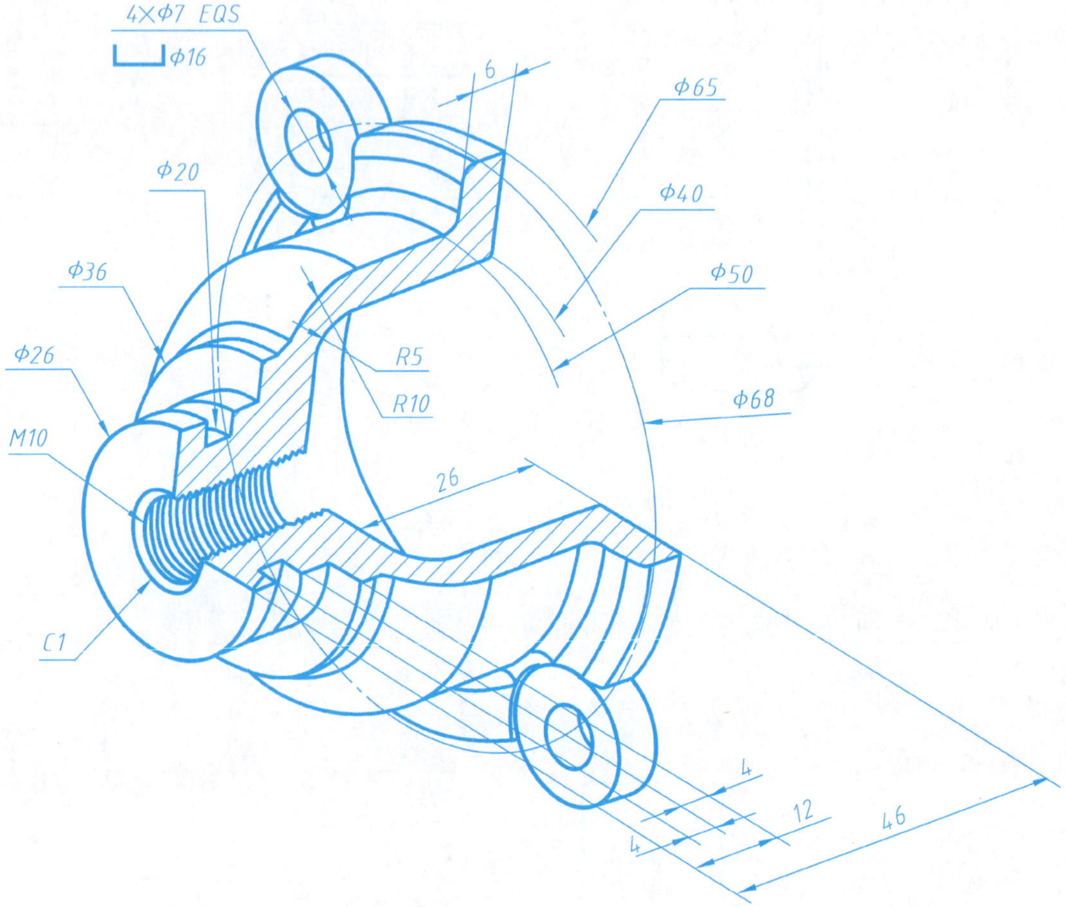

技术要求

未注圆角R2。

阀盖		材料	比例	数量	(图号)
		ZL101	1:1	1	
制图	(日期)	(单位名称)			
审核	(日期)				

8-1 根据轴测图，选择合理表达方法，绘制零件图（比例自定）　　　　班级　　姓名　　学号

8-1-3 绘制支架的零件图。

8-1-4 绘制阀体的零件图。

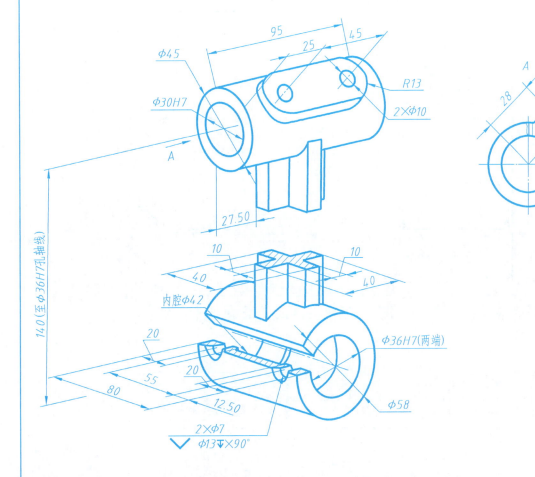

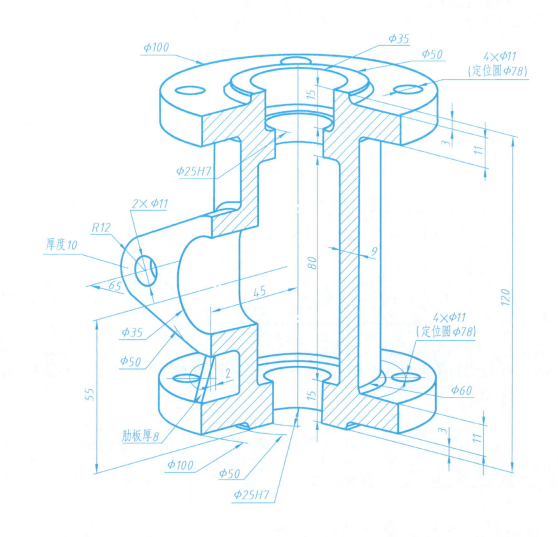

技术要求
未注圆角R2～R3。

技术要求
1.φ25H7(上端)圆柱轴线对φ25H7(下端)圆柱轴线的同轴度公差应限定在直径等于φ0.01的圆柱面内；
2.未注圆角R2～R3。

支架		材料	比例	数量	(图号)
		HT150	1:1	1	
制图		(日期)			
审核		(日期)	(单位名称)		

阀体		材料	比例	数量	(图号)
		HT200	1:1	1	
制图		(日期)			
审核		(日期)	(单位名称)		

8-2 表面结构的标注与识读   班级____ 姓名____ 学号____

8-2-1 在下图的各个表面，用去除材料的方法加工，Ra 的上限值均为 3.2μm。

8-2-2 根据所给 Ra 值标注图中零件相关表面结构代号。

表面	A	B	C	D	其余
$Ra/\mu m$	6.3	3.2	1.6	0.8	12.5

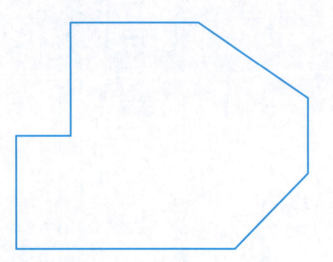

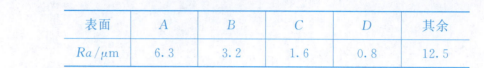

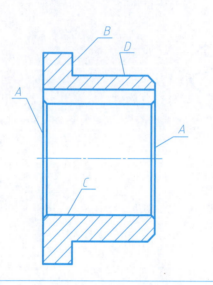

8-2-3 根据图中给出的 Ra 值，在表中填写相关表面的表面结构参数值。

表面	$\phi 35$ 左端面	$\phi 21$ 外圆面	M16 外圆面	键槽底面	键槽侧面	其余
$Ra/\mu m$						

8-2-4 根据表中给出的 Ra 值，在图中标注表面结构代号。

表面	A	B	C	其余
$Ra/\mu m$	6.3	3.2	1.6	不加工

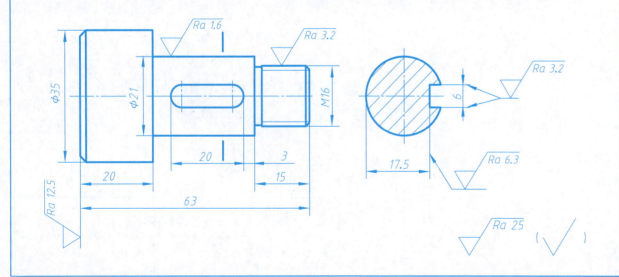

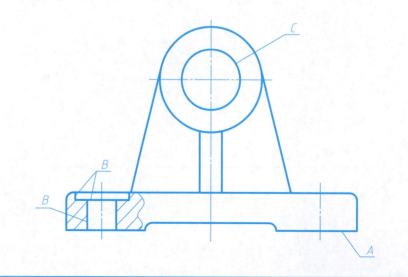

8-3 尺寸公差的标注与识读

8-3-1 根据图中所标注的尺寸填写表格。

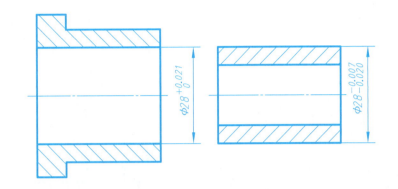

项目	孔	轴
公称尺寸		
上极限尺寸		
下极限尺寸		
上极限偏差		
下极限偏差		
尺寸公差		

8-3-2 根据装配图上的尺寸标注，查表后分别在零件图上标注出相应的公称尺寸、公差带代号和极限偏差，并解释配合代号的意义。

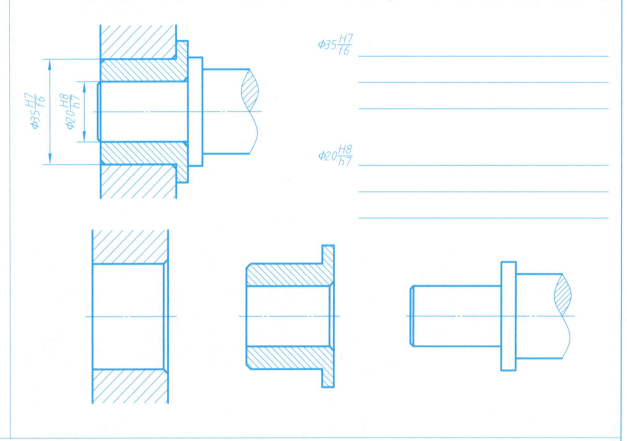

8-3-3 根据装配图中所标注的配合代号，说明其配合的基准制、配合种类，并分别在相应的零件图上标注其公称尺寸、公差带代号和极限偏差。

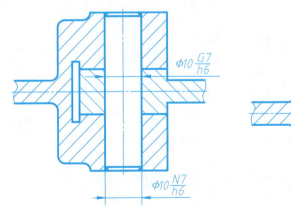 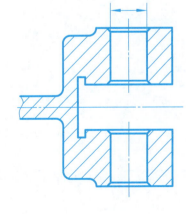 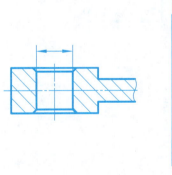 

$\phi 10 \dfrac{G7}{h6}$　基准制：_____，配合种类：_____。

$\phi 10 \dfrac{N7}{h6}$　基准制：_____，配合种类：_____。

8-4 几何公差的标注与识读

班级　　　　姓名　　　　学号

8-4-1 圆柱 φ30 轴线的直线度公差为 0.1，在图中标注其几何公差代号。

8-4-2 圆柱孔 φ12 轴线相对于圆柱孔 φ18 轴线的平行度公差为 φ0.03，在图中标注其几何公差代号。

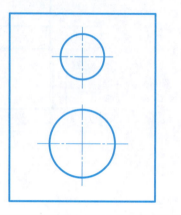
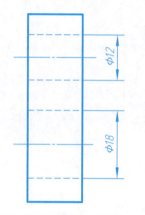

8-4-3 圆柱 φ20 轴线相对于底面 A 的垂直度公差为 φ0.01，在图中标注其几何公差代号。

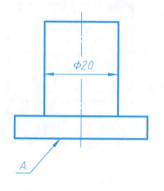

8-4-4 圆柱 φ64 轴线的同轴度公差应限定在直径等于 φ0.1，以圆柱 φ40 和 φ24 公共基准轴线的圆柱面内。

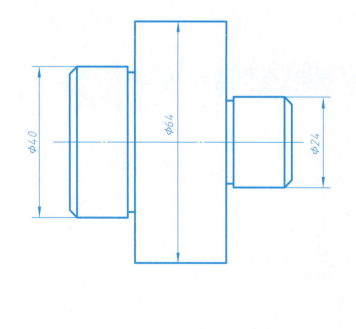

8-4-5 解释图中公差代号的含义。

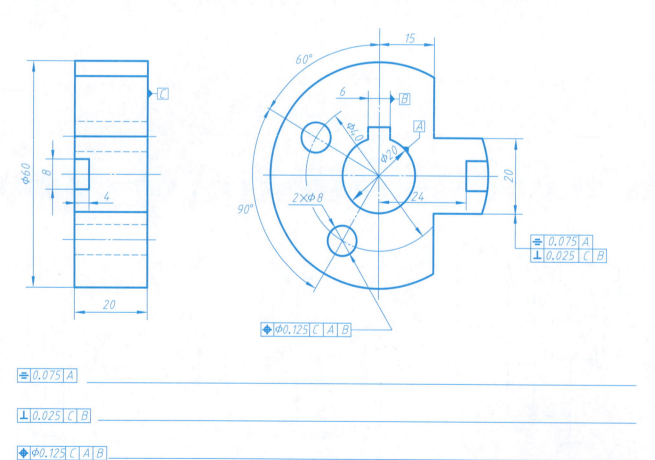

= | 0.075 | A _____

⊥ | 0.025 | C | B _____

⌖ | φ0.125 | C | A | B _____

8-5 读零件图，回答问题　　　　　　　　　　班级　　　姓名　　　学号

8-5-1

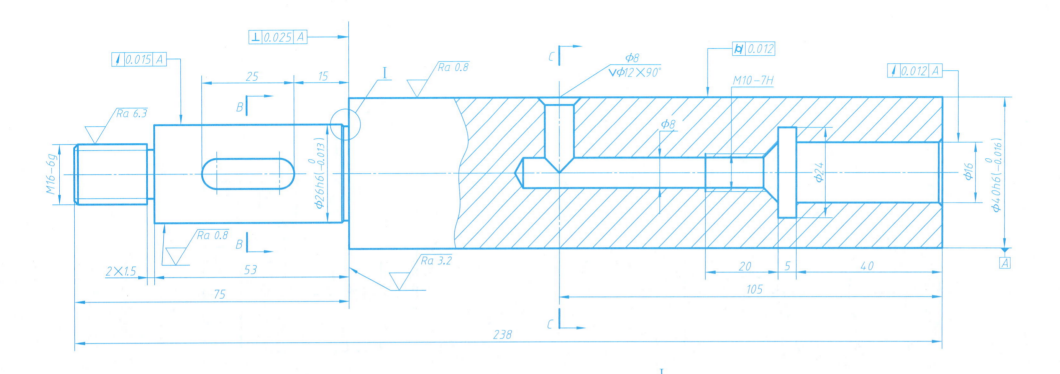
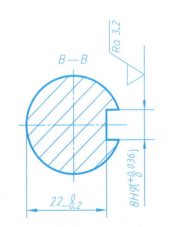
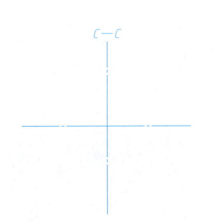
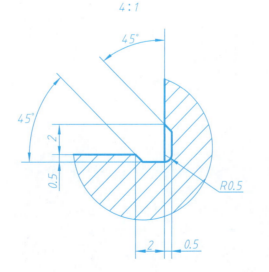

技术要求
1. 淬火 35~40HRC。
2. 未注倒角C1。

主轴	材料	比例	数量	（图号）
	45	1:1	1	
制图　　（日期）	（单位名称）			
审核　　（日期）				

8-5 读零件图，回答问题

8-5-2

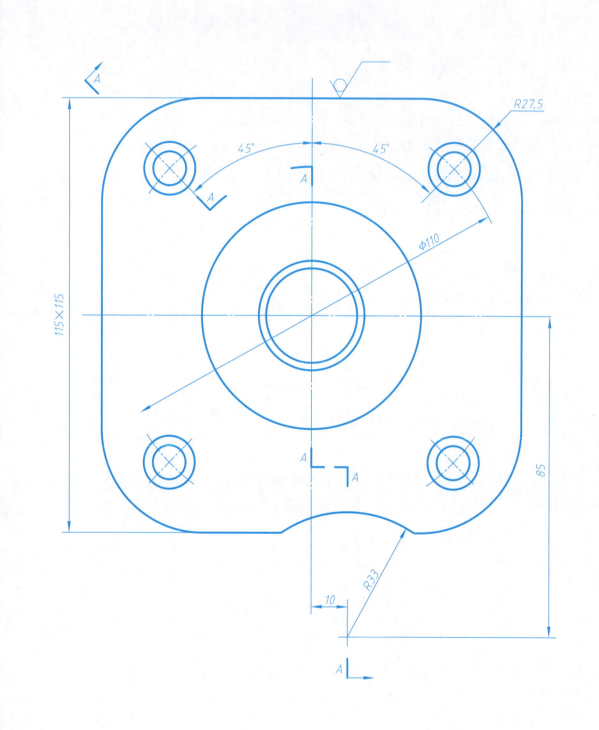
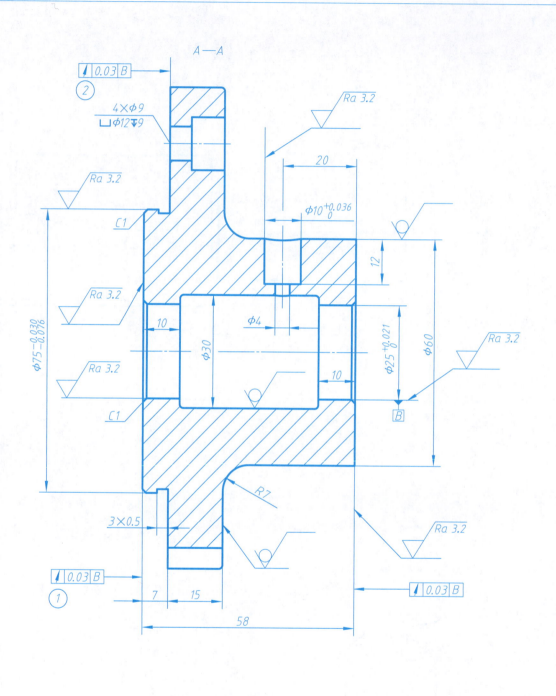

技术要求
未注圆角R1。

尾架端盖　材料 HT150　比例 1:1　数量 1

8-5 读零件图，回答问题

8-5-3 读主轴零件图，回答下列问题。

(1) 该零件采用____个基本视图表达主轴的主要结构和形状，并采用一个局部剖视图表达主轴的内部结构；此外，采用_____表达砂轮越程槽结构，采用_____表达键槽断面形状。

(2) 用指引线和文字在图中注明径向尺寸基准和轴向主要尺寸基准。

(3) 主轴上键槽长度为____，宽度为____，键槽长度方向定位尺寸为_____，键槽深度标注 $22_{-0.2}^{0}$ 是为了便于_____。

(4) $\phi 26h6(_{-0.013}^{0})$ 的上极限尺寸是_____，下极限尺寸是_____，公差为_____，其公差带代号为_____。

$\phi 40h6(_{-0.016}^{0})$ 的上极限偏差是_____，下极限偏差是_____，公差为_____。

(5) 该轴的表面结构要求最高的 Ra 值为_____。

(6) 在指定位置作出 C—C 移出断面图。

(7) 说明4个几何公差代号的含义。

⌀ 0.015 A _____

⊥ 0.025 A _____

⌭ 0.012 _____

⌯ 0.012 A _____

8-5-4 读尾架端盖零件图，回答下列问题。

(1) 该零件属于_____类零件，材料为_____，绘图比例为_____。

(2) 该零件采用____个基本视图。主视图采用_____剖视图表达零件内部的孔槽结构，它的剖切位置在_____视图中注明，剖切平面的种类是_____。

(3) 用指引线和文字在图中注明径向尺寸基准和轴向尺寸基准。

(4) 解释图中尺寸标注 $\dfrac{4\times\phi 9}{\sqcup\phi 12 \downarrow 9}$ 的含义：_____。

(5) $\phi 75_{-0.076}^{-0.030}$ 的上极限尺寸是_____，下极限尺寸是_____，公差为_____，查教材附录，其公差带代号为_____。

$\phi 25_{0}^{+0.021}$ 的上极限偏差是_____，下极限偏差是_____，公差为_____。

(6) $\phi 75_{-0.076}^{-0.030}$ 外圆的表面结构 Ra 值为_____，$\phi 60$ 右端面的表面结构 Ra 值为_____，115×115 右端面为（加工、非加工）面。

(7) $R33$ 曲面的定位尺寸是_____和_____。

(8) 说明两处几何公差代号的含义。

① ⌯ 0.03 B _____

② ⌯ 0.03 B _____

第 9 章 焊 接 图

9-1 根据焊缝节点图，在下图中用符号法标注焊缝　　　　班级　　　姓名　　　学号

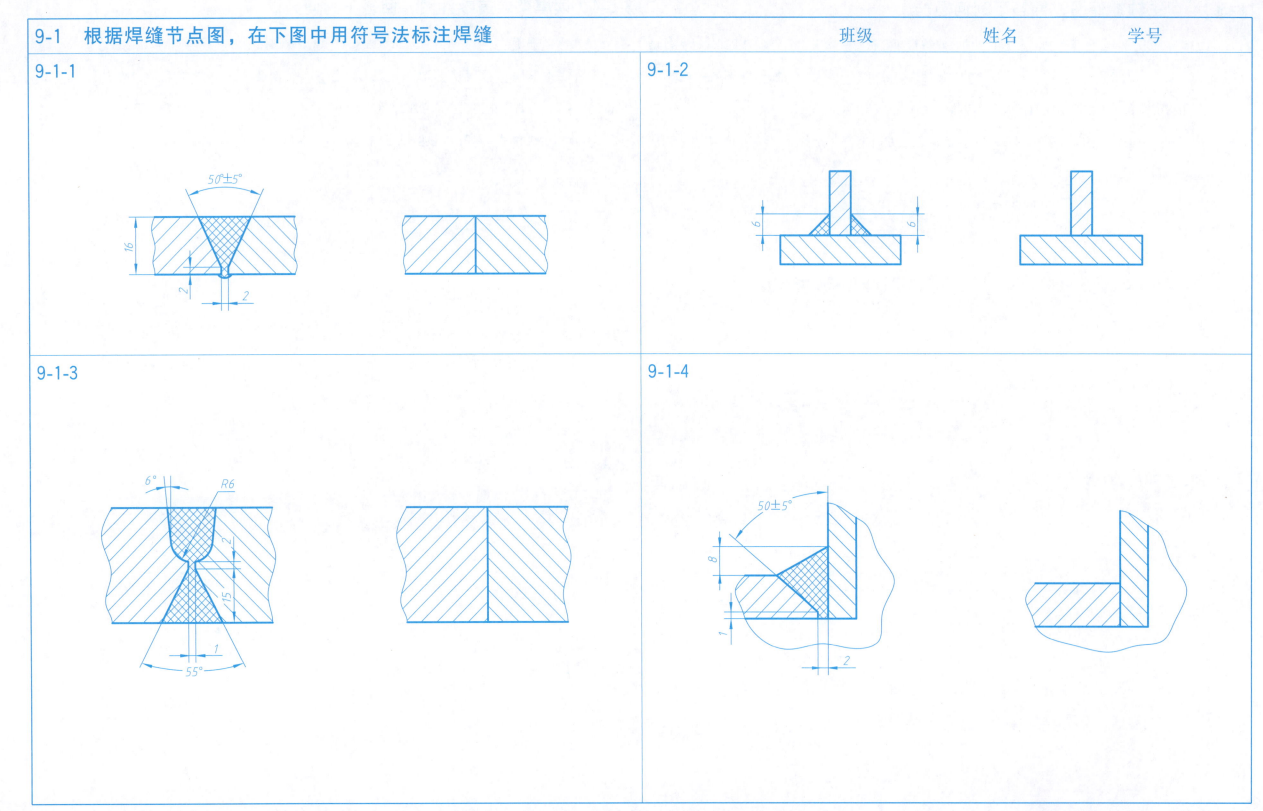

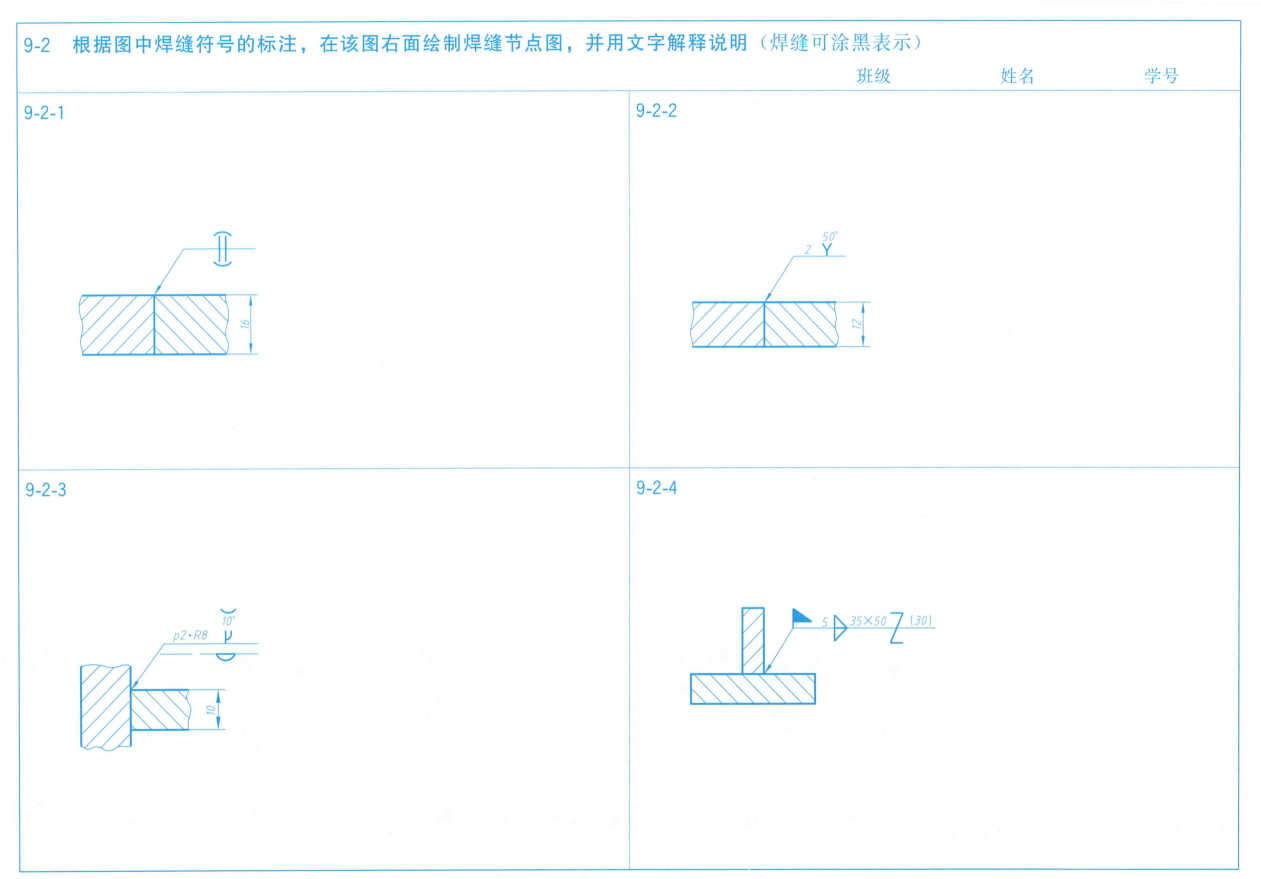

第 10 章　化工设备图

10-1　简答题	班级　　　姓名　　　学号
10-1-1　简述化工设备图的基本内容。	10-1-2　简述化工设备的结构特点。
10-1-3　简述化工设备图的表达方法。	10-1-4　化工设备标准化零部件有哪些？

10-2 化工设备的标准件   班级   姓名   学号

10-2-1 公称压力 2.5MPa，公称直径 1000mm 的平面密封面长颈对焊法兰，其中法兰厚度改为 78mm，法兰总高度仍为 155mm。
写出其规定标记：

10-2-2 公称尺寸 DN65、公称压力 PN16、采用 Rc 螺纹的全平面螺纹钢制管法兰，材料为 316。
写出其规定标记：

10-2-3 容器公称直径 DN 为 1600mm，H 型钢支柱支腿，不带垫板，支承高度 H 为 2000mm。
写出其规定标记：

10-2-4 钢管制作的 4 号支承式支座，支座高度为 600mm，垫板厚度为 12mm，钢管材料为 10 钢，底板材料为 Q235B，垫板材料为 S30408。
写出其规定标记：

10-2-5 公称压力 PN40、公称直径 DN450、H_1 = 340mm、RF 型密封面、Ⅷ类材料、筒节厚度为 16mm，其中全螺纹螺柱采用 35CrMoA、垫片材料采用内外环和金属带为 304、非金属带为柔性石墨、D 型缠绕垫的水平吊盖带颈对焊法兰人孔。
写出其规定标记：

10-2-6 根据标记 EHB 273×6（4.9）-Q345R GB/T 25198—2010，解释封头的含义，查表确定其尺寸，参照下图绘制图形并标注尺寸。

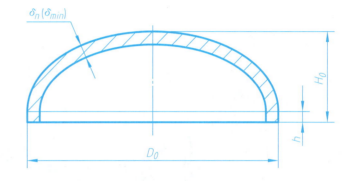

| 10-2 化工设备的标准件 | 班级　　　姓名　　　学号 |

10-2-7　根据规定标记 NB/T 47065.1—2018，鞍式支座　BI800—F，解释支座的含义，查表标注尺寸。

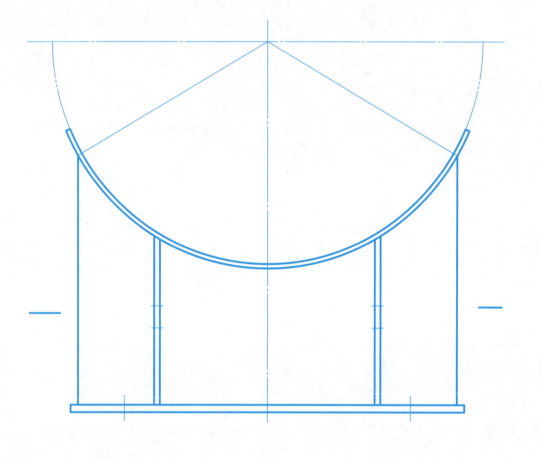
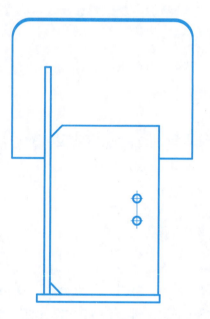
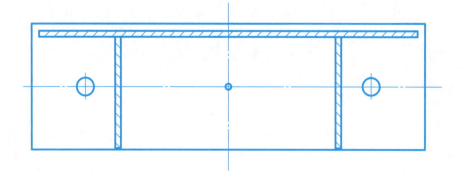

10-3 化工设备的阅读

10-3-1 换热器的装配图。

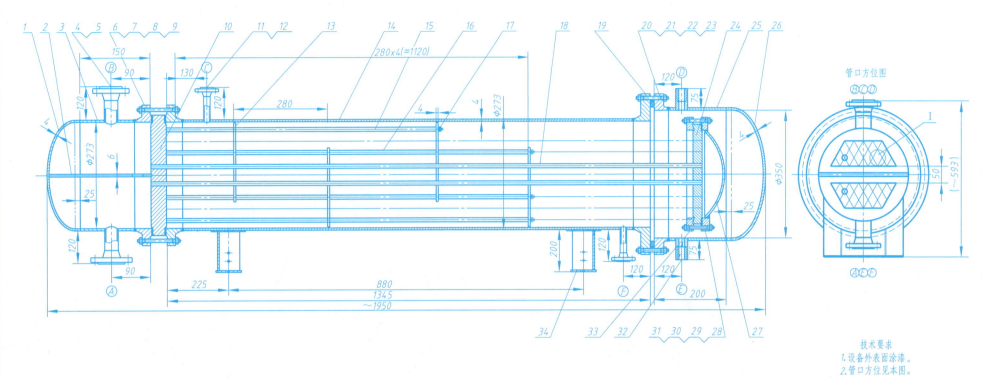

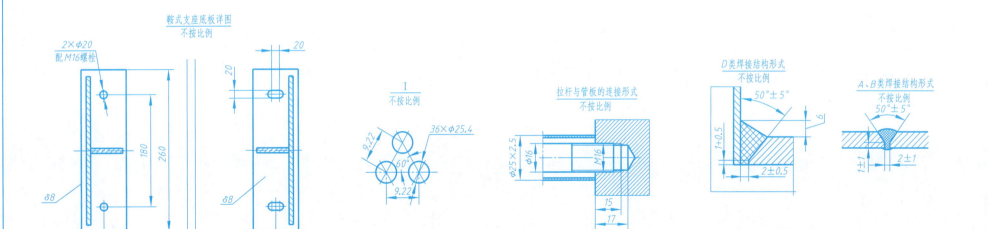

10-3　化工设备的阅读

班级　　　　　姓名　　　　　学号

10-3-2　阅读换热器的装配图，回答问题。

　　换热器是将热流体的部分热量传递给冷流体的设备，又称热交换器。换热器广泛应用于化工、石油、动力等工业部门，它的主要功能是保证工艺过程对介质所要求的特定温度，同时也是提高能源利用率的主要设备之一。

　　浮头式换热器其一端管板与壳体固定，而另一端的管板可以在壳体内自由浮动。壳体和管束对热膨胀是自由的，故当两种介质的温差较大时，管束与壳体之间不会产生温差应力。浮头端设计成可拆结构，使管束可以容易地插入或抽出，这样为检修和清洗提供了方便。这种形式的换热器特别适用于壳体与换热管温差应力较大，而且要求壳程与管程都要进行清洗的工况。

(1) 图中有多少种零部件，其中有多少种标准零部件？

(2) 分析该设备图视图特点，简述各视图表达的侧重点。

(3) 分析该设备图尺寸。

　　换热器的内径为：

　　换热器的壁厚为：

　　换热器的总长为：

　　换热器的换热面积为：

(4) 两个支座有何不同？哪个是滑动式支座？其滑动长度是多少？安装该设备需要预埋地脚螺栓安装尺寸是什么？

(5) 绘制件 1 与件 3 的焊接详图。

(6) 参照相关标准图例，绘制接管 C 简图，并按照标准标注尺寸。

10-3 化工设备的阅读

班级　　　　姓名　　　　学号

10-3-3 反应釜的装配图。

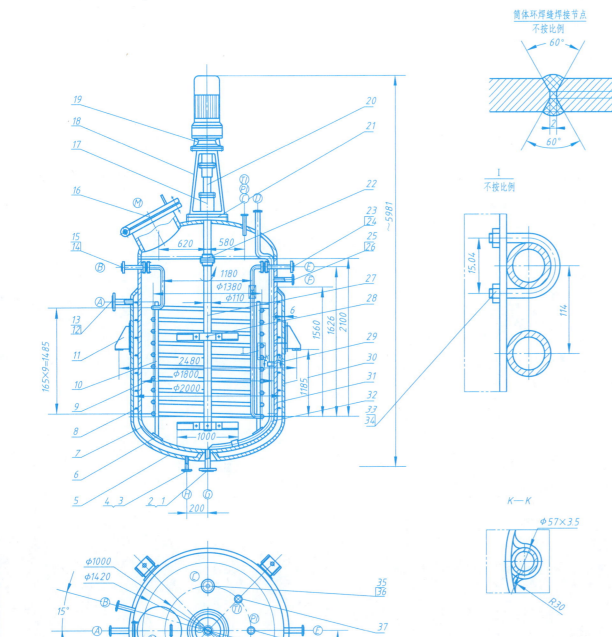
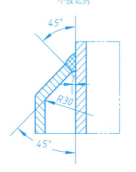

10-3 化工设备的阅读　　　　　　　　　　　　　　　　　　　　　班级　　　　　姓名　　　　　学号

10-3-4　阅读反应釜的装配图，回答问题。

(1) 认真阅读反应釜图样写出以下数据：

　　工作压力：

　　工作温度：

　　搅拌器转速：

　　设备总高：

(2) 简述图中俯视图表达的侧重点，什么情况采用这种表达方式？

(3) 简述接管 G 的用途，写出其规格尺寸、连接面形式、标准号。

(4) 参照相关标准图例，绘制部件 11 简图，并标注尺寸。

第 11 章 化工工艺图

11-1 根据碱液配置单元流程说明，绘制该装置的工艺流程示意图　　　　班级　　　姓名　　　学号

自外管来的42%碱液经管道（WC1001）间断送入碱液罐（V1017），并经管道（WC1002）自流到配碱罐（V1015）内，配制成15%的碱液，一部分经管道（WC1009）间断送入碱液中间罐（V1010）内供使用；另一部分经管道（WC1003）自流到稀碱液罐（V1016），再经管（WC1004）由配碱泵（P1004A、P1004B）经管道（WC1005）送入尾气碱洗塔（T1003）使用。配碱泵为两台并联，还可供打回流，稀碱液经管道（DR1009）送入配碱罐（V1015），起搅拌作用。

原水（新鲜水）经管道（RW1004）加入配碱罐（V1015）中，将42%碱液配制成15%碱液。碱液罐中气体由放空管（VT1001）放空。

11-2 读图，回答问题

11-2-1 甲醇合成车间工段 A 的工艺管道及仪表流程图。

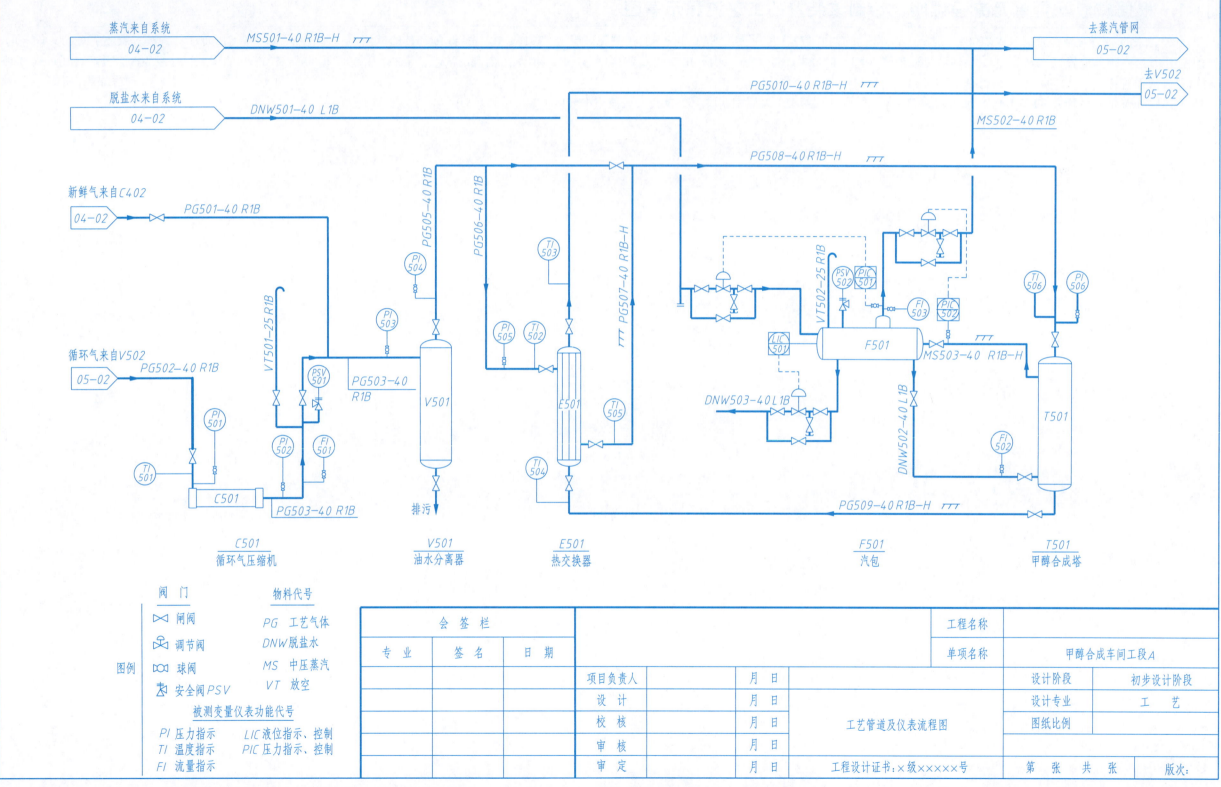

11-2 读图，回答问题

11-2-2 甲醇合成车间工段 A 的设备布置图。

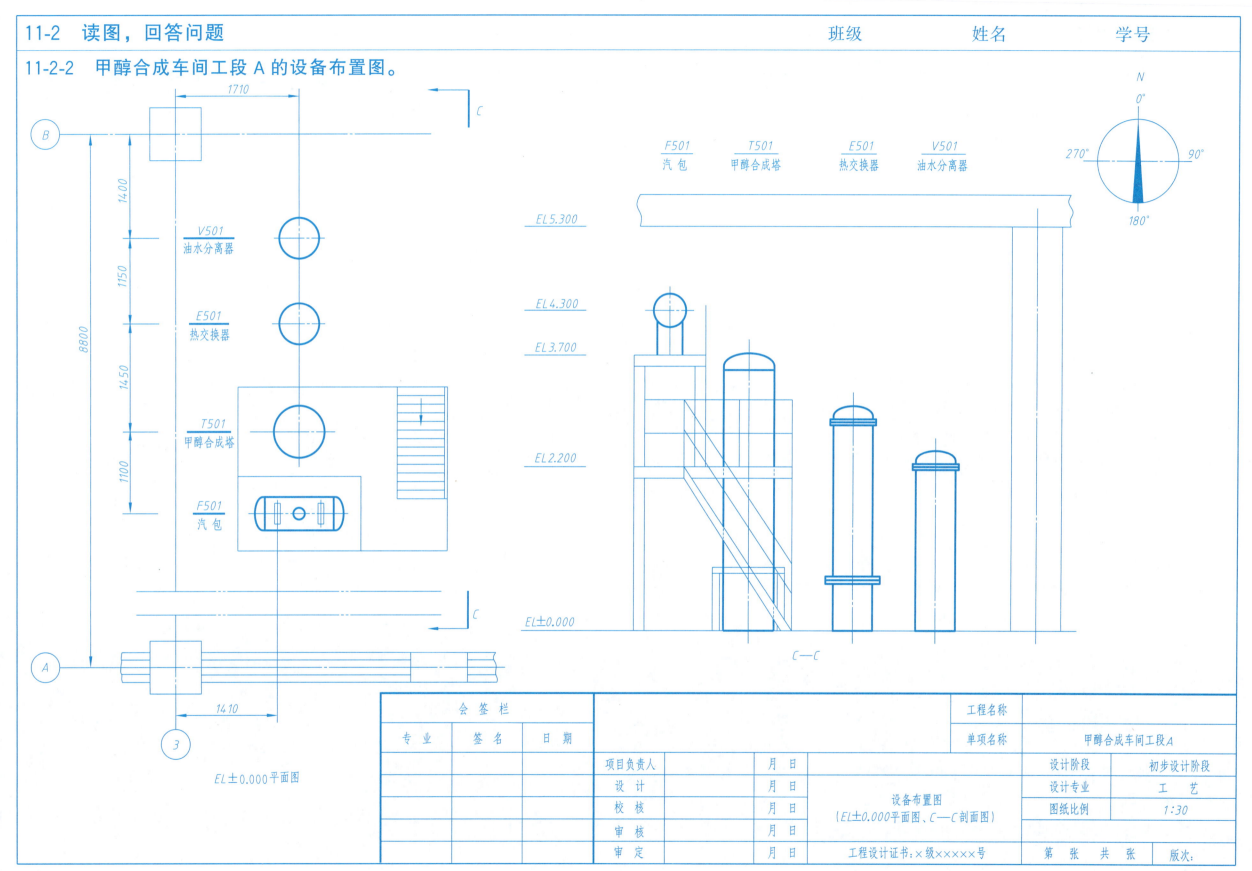

11-2 读图，回答问题

班级　　　　姓名　　　　学号

11-2-3 阅读甲醇合成车间工段 A 的工艺管道及仪表流程图，回答问题。

（1）了解标题栏和图例说明，从中了解图样的名称、各种图形符号、代号的意义。

⋈ 表示：_____　　PG 表示：_____　　VT 表示：_____　　LIC 表示：_____

⋈ 表示：_____　　DNW 表示：_____　　PI 表示：_____　　PIC 表示：_____

⋈ 表示：_____　　MS 表示：_____　　TI 表示：_____　　FI 表示：_____

⋈ 表示：_____

（2）掌握设备的名称、位号和数量。

该工段有_____台设备，从左到右分别是_____、_____、_____、_____。

（3）分析物料流程线。

分析主物料流程线。来自 V502 的循环气经管道_____进入_____升压后，和来自 C402 的新鲜气经管道_____按一定比例混合后经管道_____送至_____进行油水分离，净化后的工艺气体一部分经管道_____进入_____进行预热，另一部分经管道_____进入_____进行合成反应；合成气再进入_____，预热后循环使用。甲醇合成塔为列管式等温反应器，管内装有甲醇合成催化剂，管外是来自汽包沸腾的脱盐锅炉水，反应中产生大量的中压蒸汽，进入汽包，减压后送至蒸汽管网。

分析其他物料流程线。分析描述脱盐水（DNW）的流向。

（4）了解阀门的种类、数量、作用等。

在设备进出口接管处均有_____阀，在汽包（F501）进出口处有三个_____阀，每个调节阀配有前、后切断阀和旁路阀。循环气压缩机（C501）出口处有_____阀（PSV501）。压力表和温度表与管道连接处有_____阀。

（5）了解仪表控制点。

该流程图中共有 6 块就地安装的温度指示表，分别为_____、_____、_____、_____、_____、_____。监测各设备进出口的温度；有 6 块就地安装的压力指示表，分别为_____、_____、_____、_____、_____、_____，监测各设备进出口的压力；流量指示表有 3 块_____、_____、_____，分别监测循环气压缩机、甲醇合成塔和汽包的流量；集中控制的液位指示仪表有 1 块_____，监测汽包的液位；集中控制的压力指示仪表有 2 块_____、_____，监测汽包进出口的压力。

11-2-4 阅读甲醇合成车间工段 A 的设备布置图，回答问题。

（1）了解标题栏

从标题栏可知，该图为甲醇合成车间工段 A 平面图、_____剖面图的设备布置图。绘图比例为_____。

（2）了解厂房

从图中可知，该甲醇合成车间为单层厂房，从方向标可知，此区域有南墙，南墙有一个柱子，向北距离_____处有一个柱子，厂房定位轴线南北方向标注_____和_____，东西方向标注_____。

（3）分析设备

从图中可知，该工段有_____台设备，分别是_____、_____、_____、_____。

（4）水平定位尺寸分析

南北方向定位尺寸：基准为厂房定位轴线_____，油水分离器（V501）距离定位轴线尺寸为_____，热交换器（E501）轴线距离油水分离器（V501）的轴线尺寸为_____，甲醇合成塔（T501）轴线距热交换器（E501）的轴线尺寸为_____，汽包（F501）轴线距离甲醇合成塔（T501）轴线尺寸为_____。

东西方向定位尺寸：基准为厂房定位轴线_____，油水分离器（V501）、热交换器（E501）和甲醇合成塔（T501）的轴线定位尺寸均是_____；汽包（F501）的支座定位尺寸是_____。

（5）标高分析

油水分离器（V501）、热交换器（E501）和甲醇合成塔（T501）均是立式设备，在地面上安装；汽包（F501）安装在标高为_____的平台上，其中心线标高为_____，屋顶标高为_____。

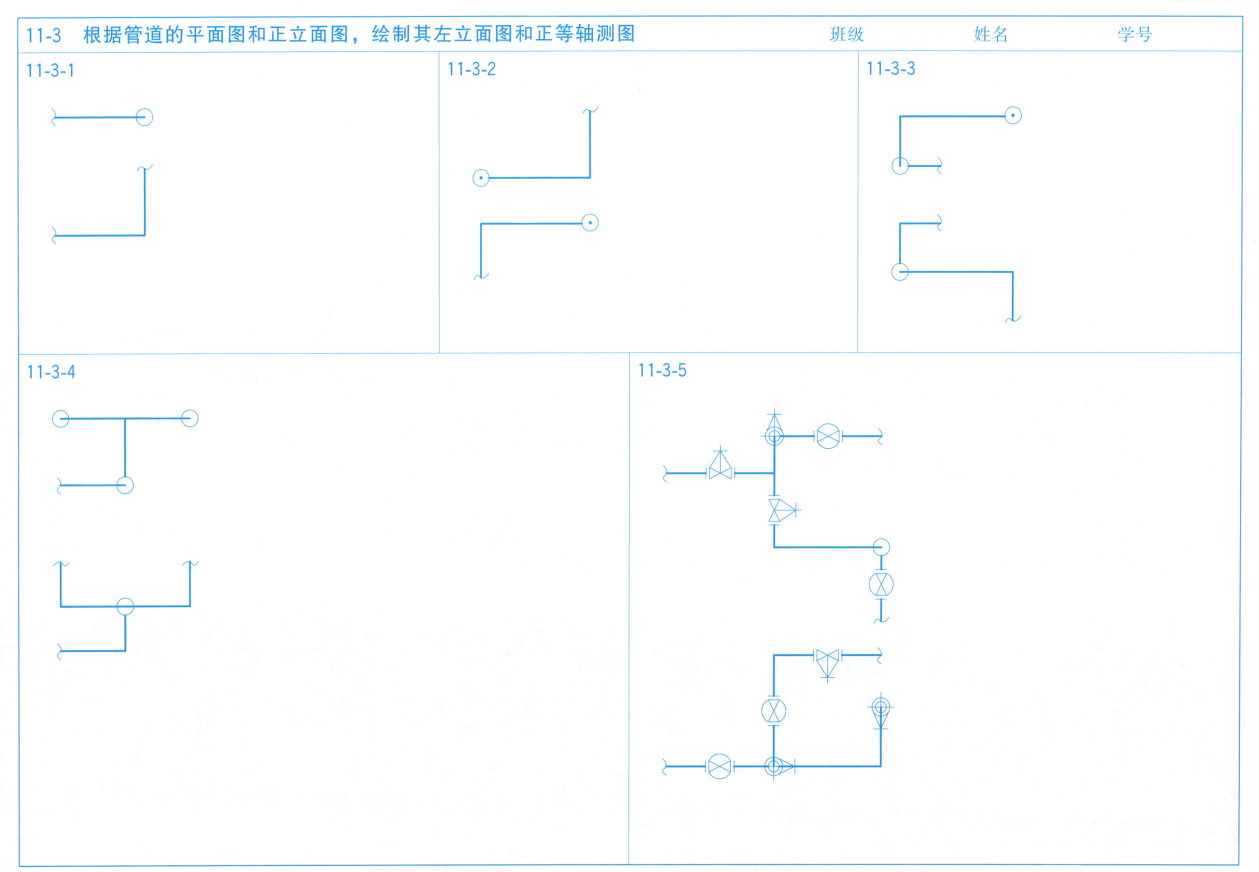

11-4 根据管道的平面图，绘制其正立面图和正等轴测图（管道高度方向尺寸自定）　　班级　　姓名　　学号

11-4-1

11-4-2

11-4-3

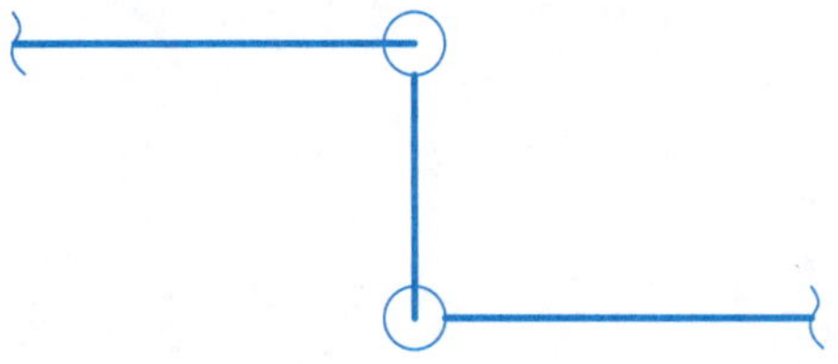

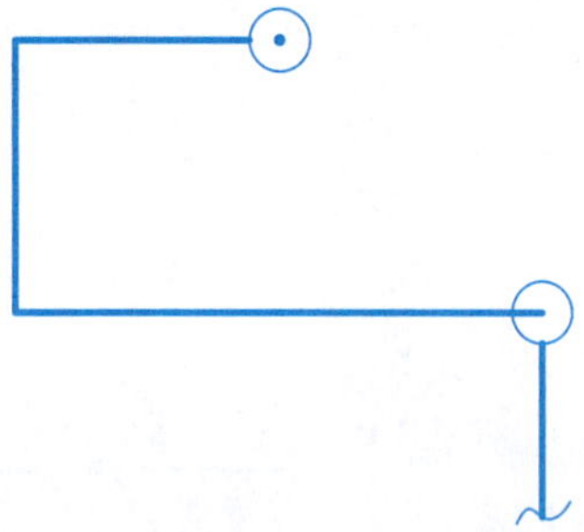

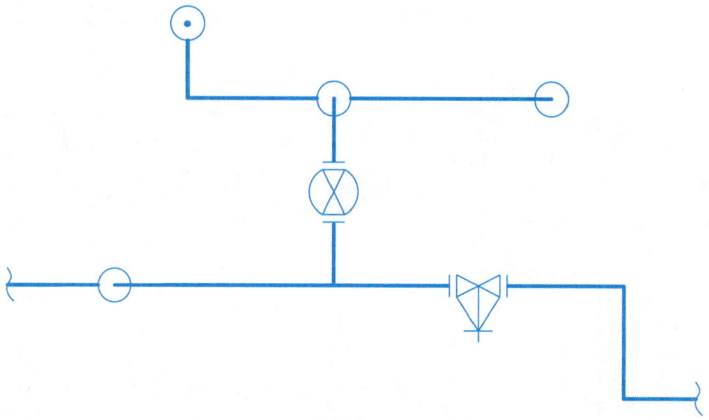

11-5 根据管道的轴测图，绘制其平面图和正立面图   班级   姓名   学号

11-5-1

11-5-2

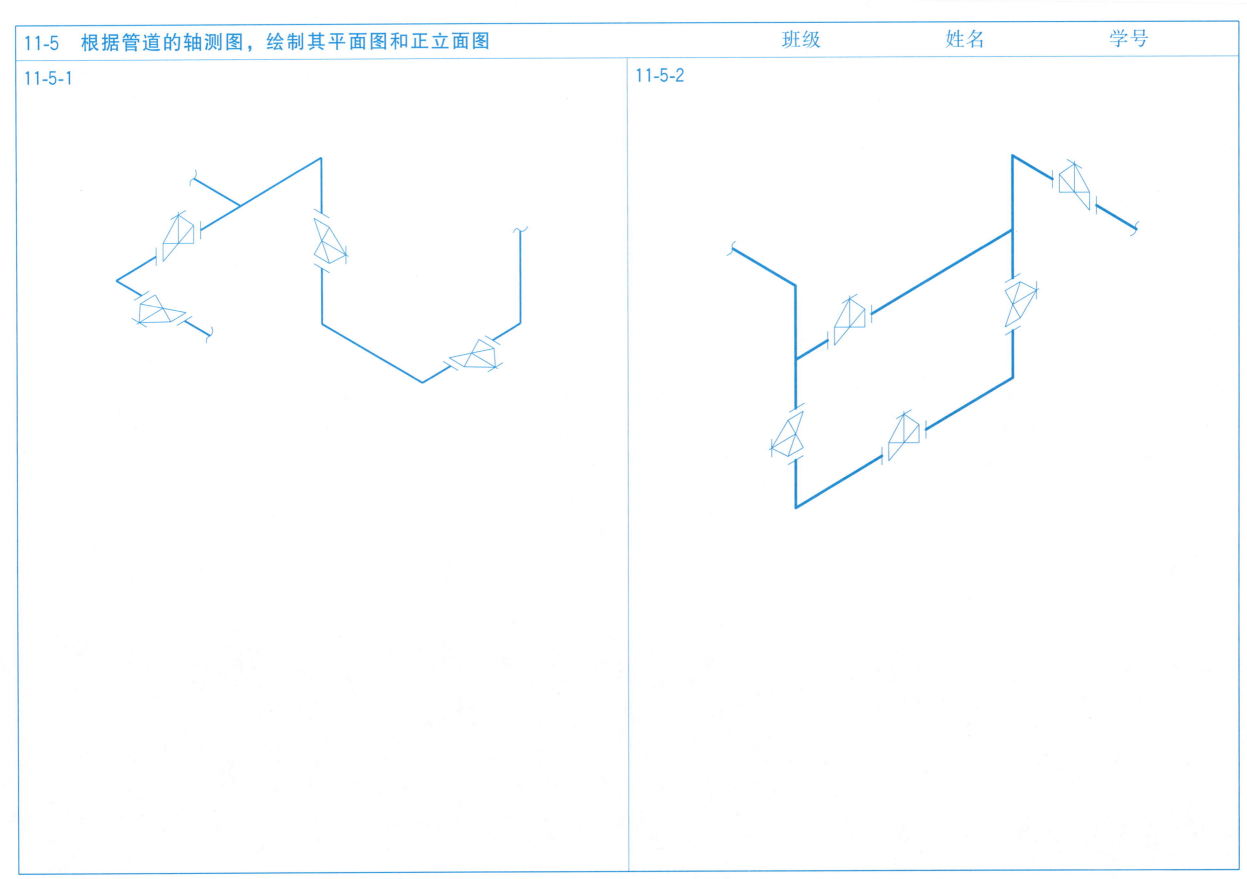

参 考 文 献

[1] 刘立平. 工程制图习题集 [M]. 北京：化学工业出版社，2020.
[2] 樊宁、何培英. 典型机械零部件表达方法 350 例 [M]. 北京：化学工业出版社，2018.
[3] 合肥工业大学工程图学系. 工程图学基础习题集 [M]. 北京：中国铁道出版社，2018.
[4] 邓劲莲、沈国强. 机械产品三维建模图册 [M]. 北京：机械工业出版社，2017.
[5] 王丹虹. 现代工程制图习题集 [M]. 第 2 版. 北京：高等教育出版社，2016.
[6] 宋卫卫. 工程图学及计算机绘图习题集 [M]. 北京：机械工业出版社，2016.
[7] 任晶莹、杨建华. 工程制图习题集 [M]. 沈阳：东北大学出版社，2016.
[8] 张荣、蒋真真. 机械制图习题集 [M]. 北京：清华大学出版社，2013.
[9] 刘力. 机械制图习题集 [M]. 第 4 版. 北京：高等教育出版社，2013.
[10] 汤柳堤. 机械制图组合体图库 [M]. 北京：机械工业出版社，2012.